세상이 변해도
배움의 즐거움은
변함없도록

시대는 빠르게 변해도
배움의 즐거움은
변함없어야 하기에

어제의 비상은
남다른 교재부터
결이 다른 콘텐츠
전에 없던 교육 플랫폼까지

변함없는 혁신으로
교육 문화 환경의 새로운 전형을
실현해왔습니다.

비상은 오늘, 다시 한번
새로운 교육 문화 환경을 실현하기 위한
또 하나의 혁신을 시작합니다.

오늘의 내가 어제의 나를 초월하고
오늘의 교육이 어제의 교육을 초월하여
배움의 즐거움을 지속하는 혁신,

바로, 메타인지 기반 완전 학습을.

상상을 실현하는 교육 문화 기업 비상

메타인지 기반 완전 학습
초월을 뜻하는 meta와 생각을 뜻하는 인지가 결합한 메타인지는
자신이 알고 모르는 것을 스스로 구분하고 학습계획을 세우도록 하는
궁극의 학습 능력입니다. 비상의 메타인지 기반 완전 학습 시스템은
잠들어 있는 메타인지를 깨워 공부를 100% 내 것으로 만들도록 합니다.

개념과 유형이 하나로

개념+유형

개념편　수학 II

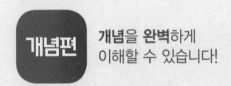

STRUCTURE ⋯ 구성과 특징

개념편

개념을 **완벽**하게
이해할 수 있습니다!

● **개념 정리**
한 번에 학습할 수 있는 효과적인 분량으로
구성하여 중요한 개념을 보다 쉽게 이해할
수 있도록 하였습니다.

● **필수 예제**
시험에 출제되는 꼭 필요한 문제를 풀이 방법과
함께 제시하여 학교 내신에 대비할 수 있도록 하
였습니다.

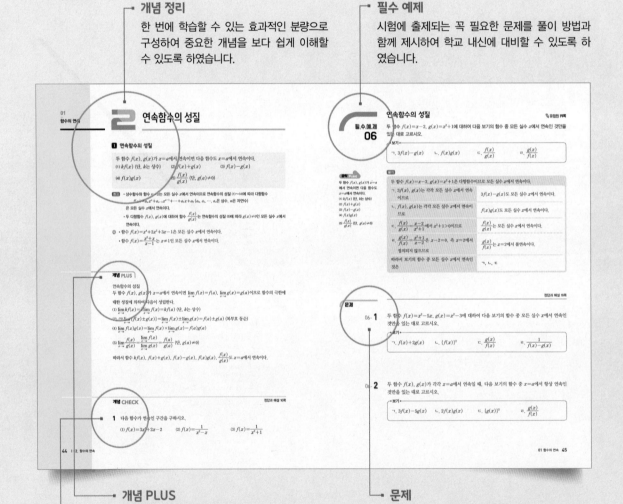

● **개념 PLUS**
공식 유도 과정, 개념 적용의 예시와 설명
등으로 구성하였습니다.

● **개념 CHECK**
개념을 바로 적용할 수 있는 간단한 문제
로 구성하여 배운 내용을 확인할 수 있도
록 하였습니다.

● **문제**
필수 예제와 유사한 문제나 응용하여 풀 수
있는 문제로 구성하여 실력을 키울 수 있도록
하였습니다.

연습문제
각 소단원을 정리할 수 있는 기본 문제와
실력 문제로 구성하였습니다.

기초 문제 Training
개념을 다지는 기초 문제를 풀어볼 수 있습니다.

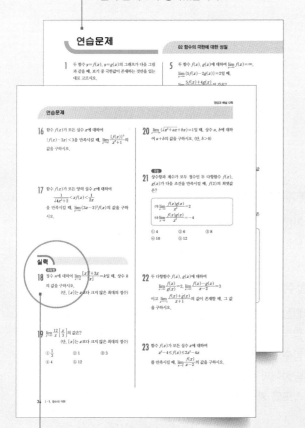

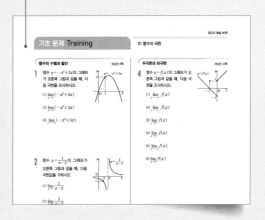

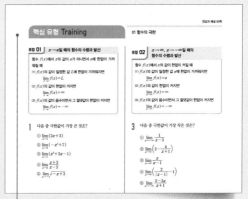

수능, 평가원, 교육청
수능, 평가원, 교육청 기출 문제로 수능에 대한
감각을 익힐 수 있도록 하였습니다.

핵심 유형 Training
개념편의 필수 예제를 보충하고 더 많은 유형의
문제를 풀어볼 수 있습니다.

CONTENTS ... 차례

Ⅲ 적분

개념과 유형이 하나로!
가장 효과적인 수학 공부 방법을 제시합니다.

I

함수의
극한과 연속

함수의 수렴과 발산

1 $x \to a$일 때의 함수의 수렴

(1) 함수 $f(x)$에서 x의 값이 a가 아니면서 a에 한없이 가까워질 때, $f(x)$의 값이 일정한 값 L에 한없이 가까워지면 함수 $f(x)$는 L에 **수렴**한다고 한다. 이때 L을 함수 $f(x)$의 $x=a$에서의 **극한값** 또는 **극한**이라 하고, 기호로 다음과 같이 나타낸다.

$$\lim_{x \to a} f(x) = L \quad \text{또는} \quad x \to a \text{일 때} f(x) \to L$$

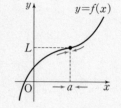

예 함수 $f(x) = \dfrac{x^2-1}{x-1}$에서 $x=1$일 때, 분모가 0이므로 $x=1$에서의 함숫값 $f(1)$은 존재하지 않는다. 그러나 $x \neq 1$일 때,

$$f(x) = \frac{x^2-1}{x-1} = \frac{(x+1)(x-1)}{x-1} = x+1$$

이므로 함수 $y=f(x)$의 그래프는 오른쪽 그림과 같다.

따라서 x의 값이 1에 한없이 가까워질 때, $f(x)$의 값은 2에 한없이 가까워지므로

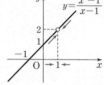

$$\lim_{x \to 1} \frac{x^2-1}{x-1} = ② \quad \blacktriangleleft \text{극한값}$$

이와 같이 $x=a$에서의 함숫값이 존재하지 않더라도 극한값 $\displaystyle\lim_{x \to a} f(x)$는 존재할 수 있다.

> **참고** ・$x \to a$는 x의 값이 a가 아니면서 a에 한없이 가까워짐을 뜻한다.
> ・lim는 극한을 뜻하는 limit의 약자로 '리미트'라 읽는다.

(2) 상수함수 $f(x) = c$ (c는 상수)는 모든 실수 x에 대하여 함숫값이 항상 c이므로 a의 값에 관계없이 다음이 성립한다.

$$\lim_{x \to a} f(x) = \lim_{x \to a} c = c$$

2 $x \to \infty$, $x \to -\infty$일 때의 함수의 수렴

x의 값이 한없이 커지는 것을 기호 ∞를 사용하여 $x \to \infty$와 같이 나타내고, x의 값이 음수이면서 그 절댓값이 한없이 커지는 것을 $x \to -\infty$와 같이 나타낸다. 이때 ∞를 **무한대**라 읽는다.

(1) 함수 $f(x)$에서 x의 값이 한없이 커질 때, $f(x)$의 값이 일정한 값 α에 한없이 가까워지면 함수 $f(x)$는 α에 수렴한다고 하고, 기호로 다음과 같이 나타낸다.

$$\lim_{x \to \infty} f(x) = \alpha \quad \text{또는} \quad x \to \infty \text{일 때} f(x) \to \alpha$$

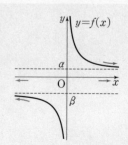

(2) 함수 $f(x)$에서 x의 값이 음수이면서 그 절댓값이 한없이 커질 때, $f(x)$의 값이 일정한 값 β에 한없이 가까워지면 함수 $f(x)$는 β에 수렴한다고 하고, 기호로 다음과 같이 나타낸다.

$$\lim_{x \to -\infty} f(x) = \beta \quad \text{또는} \quad x \to -\infty \text{일 때} f(x) \to \beta$$

> **참고** ∞는 수가 아닌 한없이 커지는 상태를 나타내는 기호이다.

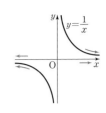

⑩ 오른쪽 그림과 같이 함수 $f(x)=\dfrac{1}{x}$의 그래프에서 x의 값이 한없이 커질 때,

$f(x)$의 값은 0에 한없이 가까워지므로 $\displaystyle\lim_{x\to\infty}\dfrac{1}{x}=0$ ◀ 극한값

또 x의 값이 음수이면서 그 절댓값이 한없이 커질 때, $f(x)$의 값은 0에 한없이

가까워지므로 $\displaystyle\lim_{x\to-\infty}\dfrac{1}{x}=0$ ◀ 극한값

❸ $x\to a$일 때의 함수의 발산

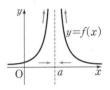

(1) 함수 $f(x)$에서 x의 값이 a가 아니면서 a에 한없이 가까워질 때, $f(x)$의 값이 한없이 커지면 함수 $f(x)$는 양의 무한대로 **발산**한다고 하고, 기호로 다음과 같이 나타낸다.
$$\lim_{x\to a}f(x)=\infty \quad \text{또는} \quad x\to a일\ 때\ f(x)\to\infty$$

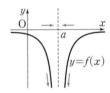

(2) 함수 $f(x)$에서 x의 값이 a가 아니면서 a에 한없이 가까워질 때, $f(x)$의 값이 음수이면서 그 절댓값이 한없이 커지면 함수 $f(x)$는 음의 무한대로 발산한다고 하고, 기호로 다음과 같이 나타낸다.
$$\lim_{x\to a}f(x)=-\infty \quad \text{또는} \quad x\to a일\ 때\ f(x)\to-\infty$$

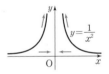

⑩ (1) 오른쪽 그림과 같이 함수 $f(x)=\dfrac{1}{x^2}$의 그래프에서 x의 값이 0에 한없이

가까워질 때, $f(x)$의 값은 한없이 커지므로 $\displaystyle\lim_{x\to0}\dfrac{1}{x^2}=\infty$

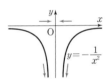

(2) 오른쪽 그림과 같이 함수 $f(x)=-\dfrac{1}{x^2}$의 그래프에서 x의 값이 0에 한없

이 가까워질 때, $f(x)$의 값은 음수이면서 그 절댓값이 한없이 커지므로

$$\lim_{x\to0}\left(-\dfrac{1}{x^2}\right)=-\infty$$

참고 $\displaystyle\lim_{x\to a}f(x)=\infty$는 $x\to a$일 때 $f(x)$의 값이 한없이 커지는 상태를 의미한다. 이때 $x=a$에서의 극한값은 존재하지 않는다.

❹ $x\to\infty$, $x\to-\infty$일 때의 함수의 발산

함수 $f(x)$에서 $x\to\infty$ 또는 $x\to-\infty$일 때, $f(x)$의 값이 양의 무한대나 음의 무한대로 발산하는 것을 기호로 다음과 같이 나타낸다.
$$\lim_{x\to\infty}f(x)=\infty, \quad \lim_{x\to\infty}f(x)=-\infty, \quad \lim_{x\to-\infty}f(x)=\infty, \quad \lim_{x\to-\infty}f(x)=-\infty$$

⑩ (1) 오른쪽 그림과 같이 함수 $f(x)=x^2$의 그래프에서 x의 값이 한없이 커지거나 x의 값이 음수이면서 그 절댓값이 한없이 커지면 $f(x)$의 값은 한없이 커지므로 $\displaystyle\lim_{x\to\infty}x^2=\infty$, $\displaystyle\lim_{x\to-\infty}x^2=\infty$

(2) 오른쪽 그림과 같이 함수 $f(x)=-x^2$의 그래프에서 x의 값이 한없이 커지거나 x의 값이 음수이면서 그 절댓값이 한없이 커지면 $f(x)$의 값은 음수이면서 그 절댓값이 한없이 커지므로 $\displaystyle\lim_{x\to\infty}(-x^2)=-\infty$, $\displaystyle\lim_{x\to-\infty}(-x^2)=-\infty$

필.수.예.제
01

$x \to a$일 때의 함수의 수렴과 발산

함수의 그래프를 이용하여 다음 극한을 조사하시오.

(1) $\lim\limits_{x \to -2} \sqrt{-x+2}$　　(2) $\lim\limits_{x \to 3} \dfrac{x^2-4x+3}{x-3}$　　(3) $\lim\limits_{x \to 0} \dfrac{1}{|x|}$　　(4) $\lim\limits_{x \to 0}\left(1-\dfrac{1}{x^2}\right)$

공략 Point

$\lim\limits_{x \to a} f(x)$는 함수 $y=f(x)$
의 그래프를 그려서 $x \to a$일
때의 $f(x)$의 값의 변화를 조
사한다.

풀이

(1) $f(x)=\sqrt{-x+2}$라 하면 함수 $y=f(x)$의 그
래프는 오른쪽 그림과 같고, x의 값이 -2에
한없이 가까워질 때 $f(x)$의 값은 2에 한없이
가까워지므로

$$\lim_{x \to -2} \sqrt{-x+2}=2$$

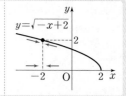

(2) $f(x)=\dfrac{x^2-4x+3}{x-3}$이라 하면 $x \neq 3$일 때

$$f(x)=\dfrac{(x-1)(x-3)}{x-3}=x-1$$

따라서 함수 $y=f(x)$의 그래프는 오른쪽 그
림과 같고, x의 값이 3에 한없이 가까워질 때
$f(x)$의 값은 2에 한없이 가까워지므로

$$\lim_{x \to 3} \dfrac{x^2-4x+3}{x-3}=2$$

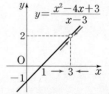

(3) $f(x)=\dfrac{1}{|x|}$이라 하면 함수 $y=f(x)$의 그래
프는 오른쪽 그림과 같고, x의 값이 0에 한없
이 가까워질 때 $f(x)$의 값은 한없이 커지므로

$$\lim_{x \to 0} \dfrac{1}{|x|}=\infty$$

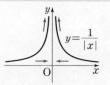

(4) $f(x)=1-\dfrac{1}{x^2}$이라 하면 함수 $y=f(x)$의 그
래프는 오른쪽 그림과 같고, x의 값이 0에 한
없이 가까워질 때 $f(x)$의 값은 음수이면서 그
절댓값이 한없이 커지므로

$$\lim_{x \to 0}\left(1-\dfrac{1}{x^2}\right)=-\infty$$

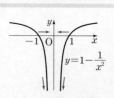

정답과 해설 **2쪽**

문제

01- **1**　함수의 그래프를 이용하여 다음 극한을 조사하시오.

(1) $\lim\limits_{x \to 3}(x^2-2x)$　　(2) $\lim\limits_{x \to 1}\sqrt{2x+6}$　　(3) $\lim\limits_{x \to 2}\dfrac{x}{x-1}$

(4) $\lim\limits_{x \to -1}\dfrac{x^2+5x+4}{x+1}$　　(5) $\lim\limits_{x \to -1}\left(-\dfrac{1}{|x+1|}\right)$　　(6) $\lim\limits_{x \to 2}\dfrac{1}{(x-2)^2}$

유형편 5쪽

$x \to \infty$, $x \to -\infty$일 때의 함수의 수렴과 발산

필.수.예.제 02

함수의 그래프를 이용하여 다음 극한을 조사하시오.

(1) $\displaystyle \lim_{x \to \infty} \frac{2}{x+3}$ (2) $\displaystyle \lim_{x \to \infty} (x^2-2)$ (3) $\displaystyle \lim_{x \to -\infty} (-\sqrt{1-x})$ (4) $\displaystyle \lim_{x \to -\infty} \left(2+\frac{1}{x^2}\right)$

공략 Point

$\displaystyle \lim_{x \to \infty} f(x)$는 함수 $y=f(x)$의 그래프를 그려서 $x \to \infty$일 때의 $f(x)$의 값의 변화를 조사한다.

풀이

(1) $f(x)=\dfrac{2}{x+3}$라 하면 함수 $y=f(x)$의 그래프는 오른쪽 그림과 같고, x의 값이 한없이 커질 때 $f(x)$의 값은 0에 한없이 가까워지므로

$$\lim_{x \to \infty} \frac{2}{x+3} = 0$$

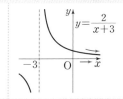

(2) $f(x)=x^2-2$라 하면 함수 $y=f(x)$의 그래프는 오른쪽 그림과 같고, x의 값이 한없이 커질 때 $f(x)$의 값도 한없이 커지므로

$$\lim_{x \to \infty} (x^2-2) = \infty$$

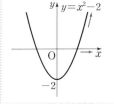

(3) $f(x)=-\sqrt{1-x}$라 하면 함수 $y=f(x)$의 그래프는 오른쪽 그림과 같고, x의 값이 음수이면서 그 절댓값이 한없이 커질 때 $f(x)$의 값도 음수이면서 그 절댓값이 한없이 커지므로

$$\lim_{x \to -\infty} (-\sqrt{1-x}) = -\infty$$

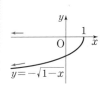

(4) $f(x)=2+\dfrac{1}{x^2}$이라 하면 함수 $y=f(x)$의 그래프는 오른쪽 그림과 같고, x의 값이 음수이면서 그 절댓값이 한없이 커질 때 $f(x)$의 값은 2에 한없이 가까워지므로

$$\lim_{x \to -\infty} \left(2+\frac{1}{x^2}\right) = 2$$

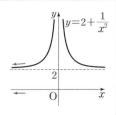

정답과 해설 2쪽

문제

02-1 함수의 그래프를 이용하여 다음 극한을 조사하시오.

(1) $\displaystyle \lim_{x \to \infty} (-x^2+4x)$ (2) $\displaystyle \lim_{x \to \infty} \frac{1}{(x-1)^2}$ (3) $\displaystyle \lim_{x \to \infty} \sqrt{2x-1}$

(4) $\displaystyle \lim_{x \to -\infty} (2x+4)$ (5) $\displaystyle \lim_{x \to -\infty} \left(\frac{1}{x}+2\right)$ (6) $\displaystyle \lim_{x \to -\infty} \frac{1}{|x+1|}$

우극한과 좌극한

❶ $x \to a+$, $x \to a-$의 표현

x의 값이 a보다 크면서 a에 한없이 가까워지는 것을 기호로 $x \to a+$
와 같이 나타낸다. 또 x의 값이 a보다 작으면서 a에 한없이 가까워지는
것을 기호로 $x \to a-$와 같이 나타낸다.

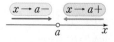

❷ 우극한과 좌극한

(1) 우극한

> 함수 $f(x)$에서 $x \to a+$일 때, $f(x)$의 값이 일정한 값 α에 한
> 없이 가까워지면 α를 함수 $f(x)$의 $x=a$에서의 **우극한**이라 하
> 고, 기호로 다음과 같이 나타낸다.
>
> $$\lim_{x \to a+} f(x) = \alpha \quad \text{또는} \quad x \to a+ \text{일 때 } f(x) \to \alpha$$

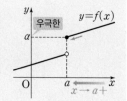

(2) 좌극한

> 함수 $f(x)$에서 $x \to a-$일 때, $f(x)$의 값이 일정한 값 β에 한
> 없이 가까워지면 β를 함수 $f(x)$의 $x=a$에서의 **좌극한**이라 하
> 고, 기호로 다음과 같이 나타낸다.
>
> $$\lim_{x \to a-} f(x) = \beta \quad \text{또는} \quad x \to a- \text{일 때 } f(x) \to \beta$$

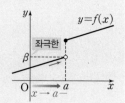

예 함수 $f(x) = \begin{cases} x-2 & (x \geq 1) \\ -x+2 & (x < 1) \end{cases}$ 의 $x=1$에서의 우극한과 좌극한을 구해 보자.

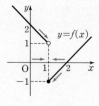

x의 값이 1보다 크면서 1에 한없이 가까워질 때, $f(x)$의 값은 -1에 한없이
가까워지므로

$$\lim_{x \to 1+} f(x) = -1 \quad \blacktriangleleft \ x=1\text{에서의 우극한}$$

또 x의 값이 1보다 작으면서 1에 한없이 가까워질 때, $f(x)$의 값은 1에 한없
이 가까워지므로

$$\lim_{x \to 1-} f(x) = 1 \quad \blacktriangleleft \ x=1\text{에서의 좌극한}$$

❸ 극한값의 존재

함수 $f(x)$의 $x=a$에서의 극한값이 L이면 $x=a$에서의 우극한과 좌극한이 모두 존재하고 그 값
은 모두 L이다. 역으로 $x=a$에서의 우극한과 좌극한이 모두 존재하고 그 값이 L로 같으면 함수
$f(x)$의 $x=a$에서의 극한값은 L이다.
따라서 다음이 성립한다.

$$\lim_{x \to a} f(x) = L \iff \lim_{x \to a+} f(x) = \lim_{x \to a-} f(x) = L$$

예 함수 $f(x)=\dfrac{1}{x-2}$에 대하여 $x=1$에서의 극한을 조사해 보자.

함수 $y=f(x)$의 그래프가 오른쪽 그림과 같으므로

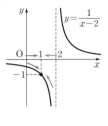

$$\lim_{x\to 1+}\frac{1}{x-2}=-1$$

$$\lim_{x\to 1-}\frac{1}{x-2}=-1$$

따라서 함수 $f(x)$의 $x=1$에서의 우극한과 좌극한이 모두 존재하고 그 값이
-1로 같으므로

$$\lim_{x\to 1}\frac{1}{x-2}=-1 \quad \blacktriangleleft \text{극한값}$$

참고 함수 $f(x)$의 $x=a$에서의 우극한과 좌극한이 모두 존재하더라도 그 값이 같지 않으면 $x=a$에서의 극한은 존재하지 않는다.

개념 PLUS

우극한과 좌극한이 다른 경우

다음과 같은 함수는 특정한 x의 값에서 우극한과 좌극한이 다를 수 있으므로 주의한다.

(1) **구간에 따라 다르게 정의된 함수**

구간의 경계가 되는 x의 값에서 우극한과 좌극한이 다를 수 있다.

예를 들어 함수 $f(x)=\begin{cases} 1 & (x\geq 0) \\ x & (x<0) \end{cases}$에 대하여 $x=0$에서의 우극한과 좌극한

을 구하면

$$\lim_{x\to 0+}f(x)=1$$

$$\lim_{x\to 0-}f(x)=0$$

따라서 함수 $f(x)$의 $x=0$에서의 우극한과 좌극한이 다르므로 $x=0$에서의 극한은 존재하지 않는다.

(2) **절댓값 기호를 포함한 함수**

절댓값 기호 안의 식의 값이 0이 되게 하는 x의 값에서 우극한과 좌극한이 다를 수 있다.

예를 들어 함수 $f(x)=\dfrac{x}{|x|}$에 대하여 $x=0$에서의 우극한과 좌극한을 구하면

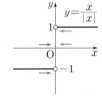

$$\lim_{x\to 0+}f(x)=1$$

$$\lim_{x\to 0-}f(x)=-1$$

따라서 함수 $f(x)$의 $x=0$에서의 우극한과 좌극한이 다르므로 $x=0$에서의
극한은 존재하지 않는다.

(3) **가우스 기호 [ ]를 포함한 함수** (단, $[x]$는 x보다 크지 않은 최대의 정수)

가우스 기호 안의 식의 값이 정수가 되게 하는 x의 값에서 우극한과 좌극한이 다를 수 있다.

예를 들어 함수 $f(x)=[x]$에 대하여 $x=1$에서의 우극한과 좌극한을 구하면

$$\lim_{x\to 1+}f(x)=1$$

$$\lim_{x\to 1-}f(x)=0$$

따라서 함수 $f(x)$의 $x=1$에서의 우극한과 좌극한이 다르므로 $x=1$에서의
극한은 존재하지 않는다.

그래프가 주어진 함수의 극한

필.수.예.제
03

📎 유형편 6쪽

함수 $y=f(x)$의 그래프가 오른쪽 그림과 같을 때, 다음 극한을 조사하시오.

(1) $\lim\limits_{x \to -1+} f(x)$ (2) $\lim\limits_{x \to 4-} f(x)$

(3) $\lim\limits_{x \to 1} f(x)$ (4) $\lim\limits_{x \to 2} f(x)$

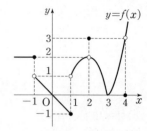

공략 Point

함수 $f(x)$에 대하여

· $x \to a+$일 때 $f(x)$의 값이 일정한 값 α에 한없이 가까워지면
$$\lim\limits_{x \to a+} f(x)=\alpha$$

· $x \to a-$일 때 $f(x)$의 값이 일정한 값 β에 한없이 가까워지면
$$\lim\limits_{x \to a-} f(x)=\beta$$

· $x \to a$일 때 극한값이 L이면
$$\lim\limits_{x \to a+} f(x)=\lim\limits_{x \to a-} f(x)=L$$

풀이

(1) x의 값이 -1보다 크면서 -1에 한없이 가까워질 때, $f(x)$의 값은 1에 한없이 가까워지므로
$$\lim\limits_{x \to -1+} f(x)=\mathbf{1}$$

(2) x의 값이 4보다 작으면서 4에 한없이 가까워질 때, $f(x)$의 값은 3에 한없이 가까워지므로
$$\lim\limits_{x \to 4-} f(x)=\mathbf{3}$$

(3) x의 값이 1보다 크면서 1에 한없이 가까워질 때, $f(x)$의 값은 1에 한없이 가까워지므로
$$\lim\limits_{x \to 1+} f(x)=1 \quad \cdots\cdots \ \text{㉠}$$

x의 값이 1보다 작으면서 1에 한없이 가까워질 때, $f(x)$의 값은 -1에 한없이 가까워지므로
$$\lim\limits_{x \to 1-} f(x)=-1 \quad \cdots\cdots \ \text{㉡}$$

㉠, ㉡에서 $\lim\limits_{x \to 1+} f(x) \neq \lim\limits_{x \to 1-} f(x)$이므로
$\lim\limits_{x \to 1} f(x)$의 값은 **존재하지 않는다.**

(4) x의 값이 2보다 크면서 2에 한없이 가까워질 때, $f(x)$의 값은 2에 한없이 가까워지므로
$$\lim\limits_{x \to 2+} f(x)=2 \quad \cdots\cdots \ \text{㉠}$$

x의 값이 2보다 작으면서 2에 한없이 가까워질 때, $f(x)$의 값은 2에 한없이 가까워지므로
$$\lim\limits_{x \to 2-} f(x)=2 \quad \cdots\cdots \ \text{㉡}$$

㉠, ㉡에서 $\lim\limits_{x \to 2+} f(x)=\lim\limits_{x \to 2-} f(x)=2$이므로
$$\lim\limits_{x \to 2} f(x)=\mathbf{2}$$

정답과 해설 3쪽

문제

03-**1** 함수 $y=f(x)$의 그래프가 오른쪽 그림과 같을 때, 다음 극한을 조사하시오.

(1) $\lim\limits_{x \to -2-} f(x)$ (2) $\lim\limits_{x \to -1+} f(x)$

(3) $\lim\limits_{x \to 2-} f(x)$ (4) $\lim\limits_{x \to 0} f(x)$

(5) $\lim\limits_{x \to 1} f(x)$ (6) $\lim\limits_{x \to 3} f(x)$

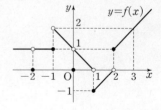

함수의 극한값의 존재

필.수.예.제
04

다음 극한을 조사하시오. (단, $[x]$는 x보다 크지 않은 최대의 정수)

(1) $\lim\limits_{x \to 1} \dfrac{x^2-1}{|x-1|}$

(2) $\lim\limits_{x \to 2} [x-1]$

공략 Point

함수의 극한을 조사하려면 우극한과 좌극한을 각각 구하여 그 값이 서로 같은지 확인한다.

풀이

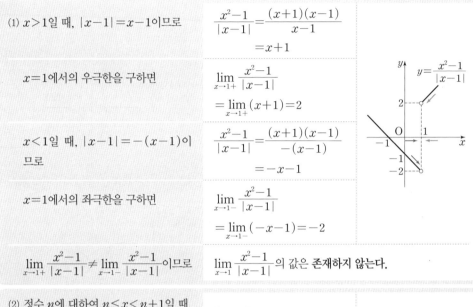

(1) $x>1$일 때, $|x-1|=x-1$이므로

$\dfrac{x^2-1}{|x-1|}=\dfrac{(x+1)(x-1)}{x-1}$
$=x+1$

$x=1$에서의 우극한을 구하면

$\lim\limits_{x \to 1+} \dfrac{x^2-1}{|x-1|}$
$=\lim\limits_{x \to 1+}(x+1)=2$

$x<1$일 때, $|x-1|=-(x-1)$이므로

$\dfrac{x^2-1}{|x-1|}=\dfrac{(x+1)(x-1)}{-(x-1)}$
$=-x-1$

$x=1$에서의 좌극한을 구하면

$\lim\limits_{x \to 1-} \dfrac{x^2-1}{|x-1|}$
$=\lim\limits_{x \to 1-}(-x-1)=-2$

$\lim\limits_{x \to 1+} \dfrac{x^2-1}{|x-1|} \neq \lim\limits_{x \to 1-} \dfrac{x^2-1}{|x-1|}$이므로

$\lim\limits_{x \to 1} \dfrac{x^2-1}{|x-1|}$의 값은 **존재하지 않는다.**

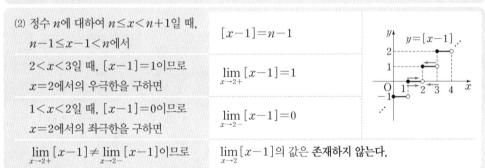

(2) 정수 n에 대하여 $n \leq x < n+1$일 때, $n-1 \leq x-1 < n$에서

$[x-1]=n-1$

$2<x<3$일 때, $[x-1]=1$이므로 $x=2$에서의 우극한을 구하면

$\lim\limits_{x \to 2+} [x-1]=1$

$1<x<2$일 때, $[x-1]=0$이므로 $x=2$에서의 좌극한을 구하면

$\lim\limits_{x \to 2-} [x-1]=0$

$\lim\limits_{x \to 2+} [x-1] \neq \lim\limits_{x \to 2-} [x-1]$이므로

$\lim\limits_{x \to 2} [x-1]$의 값은 **존재하지 않는다.**

정답과 해설 3쪽

문제

04-1 다음 극한을 조사하시오. (단, $[x]$는 x보다 크지 않은 최대의 정수)

(1) $\lim\limits_{x \to 3} \dfrac{x^2-3x}{|x-3|}$

(2) $\lim\limits_{x \to 0} [x+1]$

04-2 함수 $f(x)=\begin{cases} x+1 & (x \geq -1) \\ -x+k & (x < -1) \end{cases}$ 에 대하여 $\lim\limits_{x \to -1} f(x)$의 값이 존재하도록 하는 상수 k의 값을 구하시오.

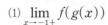

UP 합성함수의 우극한과 좌극한

✎ 유형편 **7쪽**

필.수.예.제 **05**

두 함수 $y=f(x)$, $y=g(x)$의 그래프가 오른쪽 그림과 같을 때, 다음 극한값을 구하시오.

(1) $\lim\limits_{x \to -1+} f(g(x))$

(2) $\lim\limits_{x \to 0-} f(g(x))$

(3) $\lim\limits_{x \to 1+} g(f(x))$

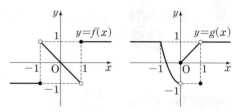

공략 Point

두 함수 $f(x)$, $g(x)$에 대하여 $\lim\limits_{x \to a} f(g(x))$의 값은 $g(x)=t$로 놓고 다음을 이용하여 구한다.

(1) $x \to a+$일 때, $t \to b+$
이면
$\lim\limits_{x \to a+} f(g(x))=\lim\limits_{t \to b+} f(t)$

(2) $x \to a+$일 때, $t \to b-$
이면
$\lim\limits_{x \to a+} f(g(x))=\lim\limits_{t \to b-} f(t)$

(3) $x \to a+$일 때, $t=b$이면
$\lim\limits_{x \to a+} f(g(x))=f(b)$

풀이

(1) $g(x)=t$로 놓으면 $x \to -1+$일 때, $t \to 1-$이므로

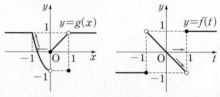

$$\lim\limits_{x \to -1+} f(g(x))=\lim\limits_{t \to 1-} f(t)=-1$$

(2) $g(x)=t$로 놓으면 $x \to 0-$일 때, $t \to -1+$이므로

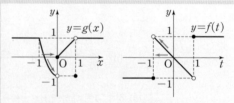

$$\lim\limits_{x \to 0-} f(g(x))=\lim\limits_{t \to -1+} f(t)=1$$

(3) $f(x)=s$로 놓으면 $x \to 1+$일 때, $s=1$이므로

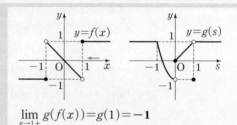

$$\lim\limits_{x \to 1+} g(f(x))=g(1)=-1$$

정답과 해설 3쪽

문제

05-**1** 두 함수 $y=f(x)$, $y=g(x)$의 그래프가 오른쪽 그림과 같을 때, 다음 극한값을 구하시오.

(1) $\lim\limits_{x \to -1-} f(g(x))$

(2) $\lim\limits_{x \to 0+} f(g(x))$

(3) $\lim\limits_{x \to 2+} g(f(x))$

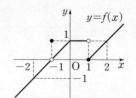
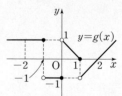

연습문제

1 다음 중 극한값이 존재하는 것은?

① $\lim_{x \to \infty} (x^2 - x - 2)$ 　② $\lim_{x \to \infty} (8 - x)$

③ $\lim_{x \to -\infty} \sqrt{1 - x}$ 　④ $\lim_{x \to \infty} \dfrac{2x + 5}{x + 2}$

⑤ $\lim_{x \to 3} \dfrac{1}{|x - 3|}$

2 함수 $y = f(x)$의 그래프가 다음 그림과 같을 때, $\lim_{x \to -2} f(x) + \lim_{x \to 0-} f(x) + \lim_{x \to 1+} f(x)$의 값을 구하시오.

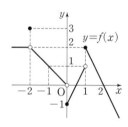

3 함수 $y = f(x)$의 그래프가 다음 그림과 같다. $\lim_{x \to -1-} f(x) = a$일 때, $a + \lim_{x \to a-} f(x)$의 값은?

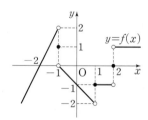

① -2 　② -1 　③ 0
④ 1 　⑤ 2

4 함수 $f(x) = \begin{cases} (x-5)^2 & (x \geq 2) \\ x^2 & (x < 2) \end{cases}$ 에 대하여 $\lim_{x \to 2+} f(x) - \lim_{x \to 2-} f(x)$의 값은?

① -5 　② 4 　③ 5
④ 9 　⑤ 13

5 $\lim_{x \to 1+} \dfrac{x^2 + 2x - 3}{|x - 1|} = a$, $\lim_{x \to -3-} \dfrac{x^2 + 2x - 3}{|x + 3|} = b$라 할 때, 실수 a, b에 대하여 $a + b$의 값을 구하시오.

6 $\lim_{x \to -3-} [x + 3] + \lim_{x \to 5+} ([x] - 1)$의 값은?

(단, $[x]$는 x보다 크지 않은 최대의 정수)

① -1 　② 0 　③ 1
④ 2 　⑤ 3

연습문제

7 다음 보기의 함수 중 $x=0$에서의 극한값이 존재하는 것만을 있는 대로 고른 것은?

(단, $[x]$는 x보다 크지 않은 최대의 정수)

▶보기◀
ㄱ. $f(x)=x^2$ ㄴ. $f(x)=[x]$
ㄷ. $f(x)=|x|$ ㄹ. $f(x)=\dfrac{|x|}{x}$

① ㄱ, ㄴ   ② ㄱ, ㄷ   ③ ㄴ, ㄷ
④ ㄴ, ㄹ   ⑤ ㄷ, ㄹ

8 다음 보기 중 극한값이 존재하는 것만을 있는 대로 고른 것은?

(단, $[x]$는 x보다 크지 않은 최대의 정수)

▶보기◀
ㄱ. $\lim\limits_{x\to 2}\left[\dfrac{x}{2}\right]$ ㄴ. $\lim\limits_{x\to 0}\dfrac{x^3}{|x|}$
ㄷ. $\lim\limits_{x\to 9}\dfrac{x-9}{\sqrt{x}+3}$ ㄹ. $\lim\limits_{x\to 2}\dfrac{x^2-3x+2}{|x-2|}$

① ㄱ, ㄷ   ② ㄱ, ㄹ   ③ ㄴ, ㄷ
④ ㄱ, ㄴ, ㄹ   ⑤ ㄴ, ㄷ, ㄹ

9 함수 $f(x)=\begin{cases} x^2+2x-k & (x\geq 3) \\ -x+k & (x<3) \end{cases}$ 에 대하여 $\lim\limits_{x\to 3}f(x)$의 값이 존재하도록 하는 상수 k의 값을 구하시오.

10 함수 $f(x)=\begin{cases} -x^2+ax+b & (|x|\geq 1) \\ x(x-2) & (|x|<1) \end{cases}$ 가 모든 실수 x에서 극한값이 존재하도록 하는 상수 a, b에 대하여 ab의 값은?

① -6 ② -4 ③ -2
④ 2 ⑤ 4

실력

11 함수 $y=f(x)$의 그래프가 다음 그림과 같을 때, $\lim\limits_{x\to 0+}f(3-x)+\lim\limits_{x\to 2+}f(x-1)+\lim\limits_{x\to -3-}f(-x)$의 값을 구하시오.

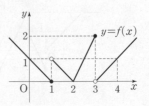

12 함수 $y=f(x)$의 그래프가 오른쪽 그림과 같을 때, 다음 보기 중 옳은 것만을 있는 대로 고르시오.

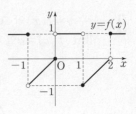

▶보기◀
ㄱ. $\lim\limits_{x\to 1}f(x)=-1$
ㄴ. $\lim\limits_{x\to 1-}f(f(x))=-1$
ㄷ. $\lim\limits_{x\to 1+}f(f(x))=1$
ㄹ. $\lim\limits_{x\to 2-}f(f(x))=0$

1 함수의 극한에 대한 성질

1 함수의 극한에 대한 성질

두 함수 $f(x)$, $g(x)$에서 $\lim\limits_{x \to a} f(x) = \alpha$, $\lim\limits_{x \to a} g(x) = \beta$ (α, β는 실수)일 때

(1) $\lim\limits_{x \to a} kf(x) = k\lim\limits_{x \to a} f(x) = k\alpha$ (단, k는 상수)

(2) $\lim\limits_{x \to a} \{f(x) + g(x)\} = \lim\limits_{x \to a} f(x) + \lim\limits_{x \to a} g(x) = \alpha + \beta$

(3) $\lim\limits_{x \to a} \{f(x) - g(x)\} = \lim\limits_{x \to a} f(x) - \lim\limits_{x \to a} g(x) = \alpha - \beta$

(4) $\lim\limits_{x \to a} f(x)g(x) = \lim\limits_{x \to a} f(x) \times \lim\limits_{x \to a} g(x) = \alpha\beta$

(5) $\lim\limits_{x \to a} \dfrac{f(x)}{g(x)} = \dfrac{\lim\limits_{x \to a} f(x)}{\lim\limits_{x \to a} g(x)} = \dfrac{\alpha}{\beta}$ (단, $\beta \neq 0$)

예
- $\lim\limits_{x \to 2} 3x^2 = 3\lim\limits_{x \to 2} x^2 = 3 \times 4 = 12$
- $\lim\limits_{x \to 1} (2x^2 - x + 1) = 2\lim\limits_{x \to 1} x^2 - \lim\limits_{x \to 1} x + \lim\limits_{x \to 1} 1$
  $$= 2 \times 1 - 1 + 1 = 2$$
- $\lim\limits_{x \to 1} (x+2)(2x-1) = \lim\limits_{x \to 1} (x+2) \times \lim\limits_{x \to 1} (2x-1)$
  $$= (\lim\limits_{x \to 1} x + \lim\limits_{x \to 1} 2)(2\lim\limits_{x \to 1} x - \lim\limits_{x \to 1} 1)$$
  $$= (1+2)(2 \times 1 - 1) = 3$$
- $\lim\limits_{x \to -1} \dfrac{x-1}{x+2} = \dfrac{\lim\limits_{x \to -1} (x-1)}{\lim\limits_{x \to -1} (x+2)} = \dfrac{\lim\limits_{x \to -1} x - \lim\limits_{x \to -1} 1}{\lim\limits_{x \to -1} x + \lim\limits_{x \to -1} 2}$
  $$= \dfrac{-1-1}{-1+2} = -2$$

참고 함수의 극한에 대한 성질은 $x \to a+$, $x \to a-$, $x \to \infty$, $x \to -\infty$인 경우에도 모두 성립한다.

2 함수의 극한값의 계산

(1) 다항함수의 극한값

$f(x)$가 다항함수일 때, $\lim\limits_{x \to a} f(x) = f(a)$

예 $\lim\limits_{x \to 1} (x^2 - 2x + 3) = 1 - 2 + 3 = 2$

(2) 여러 가지 함수의 극한값

① $\dfrac{0}{0}$ 꼴의 극한 ◀ $\dfrac{0}{0}$ 꼴에서 0은 0에 한없이 가까워지는 것을 의미한다.

인수분해하거나 유리화한 다음 약분하여 구한다.

예 $\lim\limits_{x \to 1} \dfrac{x^2 - 1}{x - 1} = \lim\limits_{x \to 1} \dfrac{(x+1)(x-1)}{x-1} = \lim\limits_{x \to 1} (x+1) = 1 + 1 = 2$

② $\dfrac{\infty}{\infty}$ 꼴의 극한

> 분모의 최고차항으로 분모, 분자를 각각 나눈 후 $\lim\limits_{x\to\infty}\dfrac{k}{x^p}=0$ (k는 상수, p는 양수)임을 이용하여 구한다.

예 $\lim\limits_{x\to\infty}\dfrac{x^2+x-1}{2x^2-1}=\lim\limits_{x\to\infty}\dfrac{1+\dfrac{1}{x}-\dfrac{1}{x^2}}{2-\dfrac{1}{x^2}}=\dfrac{\lim\limits_{x\to\infty}1+\lim\limits_{x\to\infty}\dfrac{1}{x}-\lim\limits_{x\to\infty}\dfrac{1}{x^2}}{\lim\limits_{x\to\infty}2-\lim\limits_{x\to\infty}\dfrac{1}{x^2}}$

$=\dfrac{1+0-0}{2-0}=\dfrac{1}{2}$

참고 · (분자의 차수)<(분모의 차수) ➡ 극한값은 0이다.
· (분자의 차수)=(분모의 차수) ➡ 극한값은 분모, 분자의 최고차항의 계수의 비이다.
· (분자의 차수)>(분모의 차수) ➡ 발산한다.

③ $\infty-\infty$ 꼴의 극한

> 최고차항으로 묶거나 유리화하여 $\dfrac{0}{0}$, $\dfrac{\infty}{\infty}$, $\infty\times$(상수), $\dfrac{(상수)}{\infty}$ 꼴로 변형한 후 구한다.

예 $\lim\limits_{x\to\infty}(\sqrt{x+1}-\sqrt{x})=\lim\limits_{x\to\infty}\dfrac{(\sqrt{x+1}-\sqrt{x})(\sqrt{x+1}+\sqrt{x})}{\sqrt{x+1}+\sqrt{x}}$

$=\lim\limits_{x\to\infty}\dfrac{1}{\sqrt{x+1}+\sqrt{x}}=0$ ◀ $\lim\limits_{x\to\infty}\sqrt{x+1}=\infty$, $\lim\limits_{x\to\infty}\sqrt{x}=\infty$

참고 함수 $\dfrac{c}{f(x)}$ (c는 상수)에 대하여 $\lim\limits_{x\to\infty}f(x)=\infty$이면 $\lim\limits_{x\to\infty}\dfrac{c}{f(x)}=0$이다.

④ $\infty\times0$ 꼴의 극한

> 통분 또는 인수분해하거나 유리화하여 $\dfrac{0}{0}$, $\dfrac{\infty}{\infty}$, $\infty\times$(상수), $\dfrac{(상수)}{\infty}$ 꼴로 변형한 후 구한다.

예 $\lim\limits_{x\to\infty}x\left(1-\dfrac{x}{x+1}\right)=\lim\limits_{x\to\infty}\left(x\times\dfrac{x+1-x}{x+1}\right)=\lim\limits_{x\to\infty}\dfrac{x}{x+1}$

$=\lim\limits_{x\to\infty}\dfrac{1}{1+\dfrac{1}{x}}=\dfrac{\lim\limits_{x\to\infty}1}{\lim\limits_{x\to\infty}1+\lim\limits_{x\to\infty}\dfrac{1}{x}}$

$=\dfrac{1}{1+0}=1$

개념 CHECK

정답과 해설 6쪽

1 $\lim\limits_{x\to2}f(x)=5$, $\lim\limits_{x\to2}g(x)=3$일 때, 다음 극한값을 구하시오.

(1) $\lim\limits_{x\to2}\{f(x)-2g(x)\}$

(2) $\lim\limits_{x\to2}f(x)g(x)$

(3) $\lim\limits_{x\to2}\dfrac{3f(x)}{g(x)}$

(4) $\lim\limits_{x\to2}\dfrac{2f(x)-g(x)}{\{f(x)\}^2}$

함수의 극한에 대한 성질

다음 물음에 답하시오.

(1) 함수 $f(x)$에 대하여 $\displaystyle\lim_{x\to 1}\frac{f(x-1)}{x-1}=4$일 때, $\displaystyle\lim_{x\to 0}\frac{x^2-5f(x)}{x+f(x)}$의 값을 구하시오.

(2) 두 함수 $f(x)$, $g(x)$에 대하여 $\displaystyle\lim_{x\to 1}\{f(x)+2g(x)\}=6$, $\displaystyle\lim_{x\to 1}g(x)=3$일 때,

   $\displaystyle\lim_{x\to 1}\{2f(x)-g(x)\}$의 값을 구하시오.

(3) 두 함수 $f(x)$, $g(x)$에 대하여 $\displaystyle\lim_{x\to\infty}f(x)=\infty$, $\displaystyle\lim_{x\to\infty}\{f(x)-g(x)\}=1$일 때,

   $\displaystyle\lim_{x\to\infty}\frac{f(x)+g(x)}{f(x)}$의 값을 구하시오.

공략 Point

(1) $\displaystyle\lim_{x\to a}f(x-a)=\alpha$가 주어지면 $x-a=t$로 놓고 $\displaystyle\lim_{t\to 0}f(t)=\alpha$임을 이용한다.

(2) $\displaystyle\lim_{x\to a}\{f(x)+g(x)\}=\beta$가 주어지면 $f(x)+g(x)=h(x)$로 놓고 $\displaystyle\lim_{x\to a}h(x)=\beta$임을 이용한다.

(3) $\displaystyle\lim_{x\to\infty}f(x)=\infty$, $\displaystyle\lim_{x\to\infty}\{f(x)+g(x)\}=\beta$가 주어지면 $f(x)+g(x)=h(x)$로 놓고 $\displaystyle\lim_{x\to\infty}\frac{1}{f(x)}=0$, $\displaystyle\lim_{x\to\infty}h(x)=\beta$임을 이용한다.

풀이

(1) $x-1=t$로 놓으면 $x\to 1$일 때 $t\to 0$이므로

$$\lim_{x\to 1}\frac{f(x-1)}{x-1}=\lim_{t\to 0}\frac{f(t)}{t}=4$$

$\displaystyle\lim_{x\to 0}\frac{f(x)}{x}=4$이므로

$$\lim_{x\to 0}\frac{x^2-5f(x)}{x+f(x)}=\lim_{x\to 0}\frac{x-\dfrac{5f(x)}{x}}{1+\dfrac{f(x)}{x}}=\frac{\displaystyle\lim_{x\to 0}x-5\lim_{x\to 0}\frac{f(x)}{x}}{\displaystyle\lim_{x\to 0}1+\lim_{x\to 0}\frac{f(x)}{x}}$$
$$=\frac{0-5\times 4}{1+4}=-4$$

(2) $f(x)+2g(x)=h(x)$로 놓으면

$$\lim_{x\to 1}h(x)=6$$

$f(x)=h(x)-2g(x)$이므로

$$\lim_{x\to 1}\{2f(x)-g(x)\}=\lim_{x\to 1}[2\{h(x)-2g(x)\}-g(x)]$$
$$=\lim_{x\to 1}\{2h(x)-5g(x)\}$$

$\displaystyle\lim_{x\to 1}h(x)=6$, $\displaystyle\lim_{x\to 1}g(x)=3$이므로

$$=2\lim_{x\to 1}h(x)-5\lim_{x\to 1}g(x)$$
$$=2\times 6-5\times 3$$
$$=12-15=-3$$

(3) $f(x)-g(x)=h(x)$로 놓으면

$$\lim_{x\to\infty}h(x)=1$$

$\displaystyle\lim_{x\to\infty}f(x)=\infty$이므로

$$\lim_{x\to\infty}\frac{1}{f(x)}=0$$

$g(x)=f(x)-h(x)$이므로

$$\lim_{x\to\infty}\frac{f(x)+g(x)}{f(x)}=\lim_{x\to\infty}\frac{f(x)+f(x)-h(x)}{f(x)}$$
$$=\lim_{x\to\infty}\frac{2f(x)-h(x)}{f(x)}$$
$$=\lim_{x\to\infty}\left\{2-\frac{h(x)}{f(x)}\right\}$$

$\displaystyle\lim_{x\to\infty}h(x)=1$, $\displaystyle\lim_{x\to\infty}\frac{1}{f(x)}=0$이므로

$$=\lim_{x\to\infty}2-\lim_{x\to\infty}h(x)\times\lim_{x\to\infty}\frac{1}{f(x)}$$
$$=2-1\times 0=2$$

문제

01- **1** 함수 $f(x)$에 대하여 $\lim\limits_{x \to 2} \dfrac{f(x)}{x+2} = \dfrac{1}{5}$일 때, $\lim\limits_{x \to 2} (x^2+1)f(x)$의 값을 구하시오.

01- **2** 함수 $f(x)$에 대하여 $\lim\limits_{x \to 3} \dfrac{f(x-3)}{x-3} = 2$일 때, $\lim\limits_{x \to 0} \dfrac{x-2f(x)}{x+f(x)}$의 값을 구하시오.

01- **3** 두 함수 $f(x)$, $g(x)$에 대하여 $\lim\limits_{x \to 2} f(x) = 3$, $\lim\limits_{x \to 2} \{2f(x)-g(x)\} = 8$일 때,
$\lim\limits_{x \to 2} \dfrac{3f(x)-4g(x)}{f(x)+2g(x)}$의 값을 구하시오.

01- **4** 두 함수 $f(x)$, $g(x)$에 대하여 $\lim\limits_{x \to \infty} f(x) = \infty$, $\lim\limits_{x \to \infty} \{3f(x)-g(x)\} = 2$일 때,
$\lim\limits_{x \to \infty} \dfrac{f(x)-2g(x)}{3f(x)+g(x)}$의 값을 구하시오.

01- **5** 두 함수 $f(x)$, $g(x)$에 대하여 $\lim\limits_{x \to 1} \{3f(x)+g(x)\} = 8$, $\lim\limits_{x \to 1} \{f(x)-g(x)\} = 6$일 때,
$\lim\limits_{x \to 1} \{f(x)+g(x)\}$의 값을 구하시오.

$\dfrac{0}{0}$ 꼴의 극한

필.수.예.제 02

다음 극한값을 구하시오.

(1) $\lim\limits_{x \to 1} \dfrac{x^3-x}{x^2+3x-4}$

(2) $\lim\limits_{x \to 2} \dfrac{\sqrt{x^2+5}-3}{x-2}$

공략 Point

· 분모 또는 분자에 다항식이 있는 경우
➡ 다항식을 인수분해한 후 약분한다.
· 분모 또는 분자에 근호가 있는 경우
➡ 근호가 있는 쪽을 유리화한 후 약분한다.

풀이

(1) 분모, 분자를 각각 인수분해하면

$$\lim_{x \to 1} \dfrac{x^3-x}{x^2+3x-4}=\lim_{x \to 1} \dfrac{x(x+1)(x-1)}{(x+4)(x-1)}$$

약분하여 극한값을 구하면

$$=\lim_{x \to 1} \dfrac{x(x+1)}{x+4}$$
$$=\dfrac{1 \times 2}{5}=\dfrac{2}{5}$$

(2) 분자를 유리화한 후 인수분해하면

$$\lim_{x \to 2} \dfrac{\sqrt{x^2+5}-3}{x-2}=\lim_{x \to 2} \dfrac{(\sqrt{x^2+5}-3)(\sqrt{x^2+5}+3)}{(x-2)(\sqrt{x^2+5}+3)}$$
$$=\lim_{x \to 2} \dfrac{x^2-4}{(x-2)(\sqrt{x^2+5}+3)}$$
$$=\lim_{x \to 2} \dfrac{(x+2)(x-2)}{(x-2)(\sqrt{x^2+5}+3)}$$

약분하여 극한값을 구하면

$$=\lim_{x \to 2} \dfrac{x+2}{\sqrt{x^2+5}+3}$$
$$=\dfrac{4}{3+3}=\dfrac{2}{3}$$

정답과 해설 6쪽

문제

02-1 다음 극한값을 구하시오.

(1) $\lim\limits_{x \to 2} \dfrac{x^2+x-6}{x-2}$

(2) $\lim\limits_{x \to -1} \dfrac{x^3-x^2-x+1}{x^2-1}$

02-2 다음 극한값을 구하시오.

(1) $\lim\limits_{x \to 3} \dfrac{\sqrt{x+1}-2}{x-3}$

(2) $\lim\limits_{x \to 2} \dfrac{x^2-4}{\sqrt{x+2}-2}$

$\dfrac{\infty}{\infty}$ 꼴의 극한

필.수.예.제 03

다음 극한을 조사하시오.

(1) $\displaystyle\lim_{x\to\infty}\dfrac{6x^2+7x-5}{x^2+1}$

(2) $\displaystyle\lim_{x\to\infty}\dfrac{x-2}{x^2-x+1}$

(3) $\displaystyle\lim_{x\to\infty}\dfrac{2x^2}{\sqrt{x^2+3}-4}$

(4) $\displaystyle\lim_{x\to-\infty}\dfrac{x}{\sqrt{4x^2+1}-x}$

공략 Point

분모의 최고차항으로 분모, 분자를 각각 나눈 후 $\displaystyle\lim_{x\to\infty}\dfrac{k}{x^p}=0$ (k는 상수, p는 양수)임을 이용한다.

풀이

(1) 분모, 분자를 분모의 최고차항인 x^2으로 각각 나누어 극한값을 구하면

$$\lim_{x\to\infty}\dfrac{6x^2+7x-5}{x^2+1}=\lim_{x\to\infty}\dfrac{6+\dfrac{7}{x}-\dfrac{5}{x^2}}{1+\dfrac{1}{x^2}}=6$$

(2) 분모, 분자를 분모의 최고차항인 x^2으로 각각 나누어 극한값을 구하면

$$\lim_{x\to\infty}\dfrac{x-2}{x^2-x+1}=\lim_{x\to\infty}\dfrac{\dfrac{1}{x}-\dfrac{2}{x^2}}{1-\dfrac{1}{x}+\dfrac{1}{x^2}}=0$$

(3) 분모, 분자를 분모의 최고차항인 x로 각각 나누어 극한값을 구하면

$$\lim_{x\to\infty}\dfrac{2x^2}{\sqrt{x^2+3}-4}=\lim_{x\to\infty}\dfrac{2x}{\sqrt{1+\dfrac{3}{x^2}}-\dfrac{4}{x}}=\infty$$

(4) $x=-t$로 놓으면 $x\to-\infty$일 때 $t\to\infty$이므로

$$\lim_{x\to-\infty}\dfrac{x}{\sqrt{4x^2+1}-x}=\lim_{t\to\infty}\dfrac{-t}{\sqrt{4t^2+1}+t}$$

분모, 분자를 분모의 최고차항인 t로 각각 나누어 극한값을 구하면

$$=\lim_{t\to\infty}\dfrac{-1}{\sqrt{4+\dfrac{1}{t^2}}+1}=-\dfrac{1}{3}$$

정답과 해설 7쪽

문제

03-1 다음 극한을 조사하시오.

(1) $\displaystyle\lim_{x\to\infty}\dfrac{4x^2-3x}{x^2-1}$

(2) $\displaystyle\lim_{x\to\infty}\dfrac{(x+2)(3x-1)}{2x^2+3}$

(3) $\displaystyle\lim_{x\to\infty}\dfrac{x+3}{2x^2+x+5}$

(4) $\displaystyle\lim_{x\to\infty}\dfrac{x^2}{\sqrt{x^2+1}-1}$

03-2 $\displaystyle\lim_{x\to-\infty}\dfrac{2x}{\sqrt{x^2+1}-4x}$의 값을 구하시오.

∞ − ∞ 꼴의 극한

필.수.예.제 04

다음 극한값을 구하시오.

(1) $\lim\limits_{x \to \infty} (\sqrt{x^2+6x}-x)$

(2) $\lim\limits_{x \to -\infty} \dfrac{1}{\sqrt{x^2-2x+3}+x}$

공략 Point

분모 또는 분자에서 근호가 있는 쪽을 유리화한다.

풀이

(1) 분모를 1로 보고 분자를 유리화하면	$\lim\limits_{x \to \infty} (\sqrt{x^2+6x}-x)$ $=\lim\limits_{x \to \infty} \dfrac{(\sqrt{x^2+6x}-x)(\sqrt{x^2+6x}+x)}{\sqrt{x^2+6x}+x}$ $=\lim\limits_{x \to \infty} \dfrac{6x}{\sqrt{x^2+6x}+x}$
분모, 분자를 분모의 최고차항인 x로 각각 나누어 극한값을 구하면	$=\lim\limits_{x \to \infty} \dfrac{6}{\sqrt{1+\dfrac{6}{x}}+1}=\mathbf{3}$
(2) $x=-t$로 놓으면 $x \to -\infty$일 때 $t \to \infty$이므로	$\lim\limits_{x \to -\infty} \dfrac{1}{\sqrt{x^2-2x+3}+x}$ $=\lim\limits_{t \to \infty} \dfrac{1}{\sqrt{t^2+2t+3}-t}$
분모를 유리화하면	$=\lim\limits_{t \to \infty} \dfrac{\sqrt{t^2+2t+3}+t}{(\sqrt{t^2+2t+3}-t)(\sqrt{t^2+2t+3}+t)}$ $=\lim\limits_{t \to \infty} \dfrac{\sqrt{t^2+2t+3}+t}{2t+3}$
분모, 분자를 분모의 최고차항인 t로 각각 나누어 극한값을 구하면	$=\lim\limits_{t \to \infty} \dfrac{\sqrt{1+\dfrac{2}{t}+\dfrac{3}{t^2}}+1}{2+\dfrac{3}{t}}=\mathbf{1}$

정답과 해설 7쪽

문제

04-1 다음 극한값을 구하시오.

(1) $\lim\limits_{x \to \infty} (\sqrt{x+1}-\sqrt{x-1})$

(2) $\lim\limits_{x \to \infty} (\sqrt{x^2+3x}-\sqrt{x^2-3x})$

(3) $\lim\limits_{x \to \infty} \dfrac{1}{\sqrt{x^2-x+1}-x}$

(4) $\lim\limits_{x \to \infty} \dfrac{3}{\sqrt{4x^2-3x}-2x}$

04-2 $\lim\limits_{x \to -\infty} (\sqrt{x^2-2x+2}+x)$의 값을 구하시오.

$\infty \times 0$ 꼴의 극한

✎ 유형편 11쪽

다음 극한값을 구하시오.

(1) $\displaystyle\lim_{x \to 0} \frac{1}{x}\left(\frac{1}{3x+1} - \frac{1}{x+1}\right)$

(2) $\displaystyle\lim_{x \to \infty} 2x\left(1 - \frac{\sqrt{x+2}}{\sqrt{x+1}}\right)$

공략 Point

통분 또는 인수분해하거나 유리화한다.

풀이

(1) $\dfrac{1}{3x+1} - \dfrac{1}{x+1}$ 을 통분하면	$\displaystyle\lim_{x \to 0} \frac{1}{x}\left(\frac{1}{3x+1} - \frac{1}{x+1}\right)$
	$=\displaystyle\lim_{x \to 0}\left\{\frac{1}{x} \times \frac{x+1-(3x+1)}{(3x+1)(x+1)}\right\}$
	$=\displaystyle\lim_{x \to 0}\left\{\frac{1}{x} \times \frac{-2x}{(3x+1)(x+1)}\right\}$
약분하여 극한값을 구하면	$=\displaystyle\lim_{x \to 0}\frac{-2}{(3x+1)(x+1)}$
	$=\dfrac{-2}{1 \times 1} = -2$

(2) $1 - \dfrac{\sqrt{x+2}}{\sqrt{x+1}}$ 를 통분한 후 분자를 유리화하면	$\displaystyle\lim_{x \to \infty} 2x\left(1 - \frac{\sqrt{x+2}}{\sqrt{x+1}}\right)$
	$=\displaystyle\lim_{x \to \infty}\left(2x \times \frac{\sqrt{x+1}-\sqrt{x+2}}{\sqrt{x+1}}\right)$
	$=\displaystyle\lim_{x \to \infty}\left\{2x \times \frac{(\sqrt{x+1}-\sqrt{x+2})(\sqrt{x+1}+\sqrt{x+2})}{\sqrt{x+1}(\sqrt{x+1}+\sqrt{x+2})}\right\}$
	$=\displaystyle\lim_{x \to \infty}\frac{-2x}{x+1+\sqrt{x^2+3x+2}}$
분모, 분자를 분모의 최고차항인 x로 각각 나누어 극한값을 구하면	$=\displaystyle\lim_{x \to \infty}\frac{-2}{1+\dfrac{1}{x}+\sqrt{1+\dfrac{3}{x}+\dfrac{2}{x^2}}} = -1$

정답과 해설 8쪽

문제

05-1 다음 극한값을 구하시오.

(1) $\displaystyle\lim_{x \to 1} \frac{1}{x-1}\left(\frac{x^2}{x+2} - \frac{1}{3}\right)$

(2) $\displaystyle\lim_{x \to 0} \frac{1}{x^2-x}\left(\frac{1}{\sqrt{x+1}} - 1\right)$

05-2 $\displaystyle\lim_{x \to -\infty} x^2\left(\frac{1}{3} + \frac{x}{\sqrt{9x^2+3}}\right)$의 값을 구하시오.

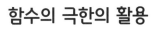

함수의 극한의 활용

✑ 유형편 12쪽

필.수.예.제 06

오른쪽 그림과 같이 함수 $y=\sqrt{x}$의 그래프 위의 한 점 $P(t, \sqrt{t})$에서 y축에 내린 수선의 발을 H라 할 때, x축 위의 점 $A(2, 0)$에 대하여 $\lim\limits_{t\to\infty}(\overline{PH}-\overline{PA})$의 값을 구하시오.

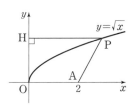

공략 Point

점 $P(t, \sqrt{t})$를 이용하여 선분의 길이를 t에 대한 식으로 나타낸 후 극한의 성질을 이용하여 극한값을 구한다.

풀이

$P(t, \sqrt{t})$, $H(0, \sqrt{t})$, $A(2, 0)$이므로

따라서 구하는 극한값은

$$\overline{PH}=t$$
$$\overline{PA}=\sqrt{(t-2)^2+(\sqrt{t}-0)^2}=\sqrt{t^2-3t+4}$$

$$\lim_{t\to\infty}(\overline{PH}-\overline{PA})$$
$$=\lim_{t\to\infty}(t-\sqrt{t^2-3t+4})$$
$$=\lim_{t\to\infty}\frac{(t-\sqrt{t^2-3t+4})(t+\sqrt{t^2-3t+4})}{t+\sqrt{t^2-3t+4}}$$
$$=\lim_{t\to\infty}\frac{3t-4}{t+\sqrt{t^2-3t+4}}$$
$$=\lim_{t\to\infty}\frac{3-\dfrac{4}{t}}{1+\sqrt{1-\dfrac{3}{t}+\dfrac{4}{t^2}}}=\frac{3}{2}$$

정답과 해설 8쪽

문제

06- 1

오른쪽 그림과 같이 함수 $y=\sqrt{x}$의 그래프 위에 두 점 $P(t, \sqrt{t})$, $Q(t+2, \sqrt{t+2})$가 있다. 점 P에서 y축에 내린 수선의 발을 R라 하고, 삼각형 PQR의 넓이를 $S(t)$라 할 때, $\lim\limits_{t\to\infty}\dfrac{\sqrt{t}}{S(t)}$의 값을 구하시오.

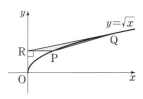

06- 2

오른쪽 그림과 같이 x축 위의 점 $P(a, 0)$을 지나고 y축에 평행한 직선이 곡선 $y=\dfrac{1}{8}x^2$과 만나는 점을 A라 하고, 원 $x^2+(y-1)^2=1$과 만나는 점을 x축에 가까운 것부터 차례대로 B, C라 하자. 이때 $\lim\limits_{a\to 0+}\dfrac{\overline{PA}\times\overline{PC}}{\overline{PB}}$의 값을 구하시오.

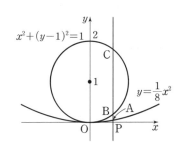

함수의 극한의 응용

1 함수의 극한의 응용

> 두 함수 $f(x)$, $g(x)$에 대하여
>
> (1) $\lim\limits_{x \to a} \dfrac{f(x)}{g(x)} = \alpha$ (α는 실수)이고 $\lim\limits_{x \to a} g(x) = 0$이면 $\lim\limits_{x \to a} f(x) = 0$
>
> (2) $\lim\limits_{x \to a} \dfrac{f(x)}{g(x)} = \alpha$ (α는 0이 아닌 실수)이고 $\lim\limits_{x \to a} f(x) = 0$이면 $\lim\limits_{x \to a} g(x) = 0$

예 $\lim\limits_{x \to 2} \dfrac{x^2 - a}{x - 2} = 4$일 때, 상수 a의 값을 구해 보자.

$x \to 2$일 때 (분모)$\to 0$이고, 극한값이 존재하므로 (분자)$\to 0$이어야 한다.

즉, $\lim\limits_{x \to 2} (x^2 - a) = 0$이므로 $4 - a = 0$ $\therefore a = 4$

2 함수의 극한의 대소 관계

> 두 함수 $f(x)$, $g(x)$에 대하여 $\lim\limits_{x \to a} f(x) = \alpha$, $\lim\limits_{x \to a} g(x) = \beta$ (α, β는 실수)일 때, a에 가까
>
> 운 모든 실수 x에 대하여
>
> (1) $f(x) \le g(x)$이면 $\alpha \le \beta$
>
> (2) 함수 $h(x)$에 대하여 $f(x) \le h(x) \le g(x)$이고 $\alpha = \beta$이면 $\lim\limits_{x \to a} h(x) = \alpha$

예 함수 $f(x)$가 모든 실수 x에 대하여 $-x^2 + 2x \le f(x) \le x^2 - 2x + 2$를 만족시키면

$\lim\limits_{x \to 1} (-x^2 + 2x) = 1$, $\lim\limits_{x \to 1} (x^2 - 2x + 2) = 1$이므로 $\lim\limits_{x \to 1} f(x) = 1$

참고 함수의 극한의 대소 관계는 $x \to a+$, $x \to a-$, $x \to \infty$, $x \to -\infty$인 경우에도 모두 성립한다.

주의 $f(x) < g(x)$인 경우에 반드시 $\lim\limits_{x \to a} f(x) < \lim\limits_{x \to a} g(x)$인 것은 아니다.

예를 들어 $x \ne 0$일 때, $0 < x^2$이지만 $\lim\limits_{x \to 0} 0 = \lim\limits_{x \to 0} x^2 = 0$이다.

개념 PLUS

함수의 극한의 응용

(1) $\lim\limits_{x \to a} \dfrac{f(x)}{g(x)} = \alpha$ (α는 실수)이고 $\lim\limits_{x \to a} g(x) = 0$이면 함수의 극한에 대한 성질에 의하여

$$\lim_{x \to a} f(x) = \lim_{x \to a} \left\{ \frac{f(x)}{g(x)} \times g(x) \right\}$$
$$= \lim_{x \to a} \frac{f(x)}{g(x)} \times \lim_{x \to a} g(x) = \alpha \times 0 = 0$$

(2) $\lim\limits_{x \to a} \dfrac{f(x)}{g(x)} = \alpha$ (α는 0이 아닌 실수)이고 $\lim\limits_{x \to a} f(x) = 0$이면 함수의 극한에 대한 성질에 의하여

$$\lim_{x \to a} g(x) = \lim_{x \to a} \left\{ f(x) \div \frac{f(x)}{g(x)} \right\}$$
$$= \lim_{x \to a} f(x) \div \lim_{x \to a} \frac{f(x)}{g(x)} = \frac{0}{\alpha} = 0$$

극한값을 이용하여 미정계수 구하기

필.수.예.제 07

다음 등식이 성립할 때, 상수 a, b의 값을 구하시오.

(1) $\lim\limits_{x \to 1} \dfrac{x^2+ax+b}{x-1}=3$

(2) $\lim\limits_{x \to 2} \dfrac{x-2}{\sqrt{x+a}-b}=6$

공략 Point

(1) 극한값이 존재하고 (분모)→0이면
➡ (분자)→0

(2) 0이 아닌 극한값이 존재하고 (분자)→0이면
➡ (분모)→0

풀이

(1) $x \to 1$일 때 (분모)→0이고, 극한값이 존재하므로 (분자)→0에서

$\lim\limits_{x \to 1}(x^2+ax+b)=0$

$1+a+b=0$ ∴ $b=-a-1$ ······ ㉠

㉠을 주어진 식의 좌변에 대입하면

$\lim\limits_{x \to 1} \dfrac{x^2+ax-a-1}{x-1}$

$=\lim\limits_{x \to 1} \dfrac{(x-1)(x+a+1)}{x-1}$

$=\lim\limits_{x \to 1}(x+a+1)=a+2$

$\lim\limits_{x \to 1} \dfrac{x^2+ax+b}{x-1}=3$이므로

$a+2=3$ ∴ $\boldsymbol{a=1}$

$a=1$을 ㉠에 대입하면

$\boldsymbol{b=-2}$

(2) $x \to 2$일 때 (분자)→0이고, 0이 아닌 극한값이 존재하므로 (분모)→0에서

$\lim\limits_{x \to 2}(\sqrt{x+a}-b)=0$

$\sqrt{2+a}-b=0$ ∴ $b=\sqrt{a+2}$ ······ ㉠

㉠을 주어진 식의 좌변에 대입하면

$\lim\limits_{x \to 2} \dfrac{x-2}{\sqrt{x+a}-\sqrt{a+2}}$

$=\lim\limits_{x \to 2} \dfrac{(x-2)(\sqrt{x+a}+\sqrt{a+2})}{(\sqrt{x+a}-\sqrt{a+2})(\sqrt{x+a}+\sqrt{a+2})}$

$=\lim\limits_{x \to 2} \dfrac{(x-2)(\sqrt{x+a}+\sqrt{a+2})}{x-2}$

$=\lim\limits_{x \to 2}(\sqrt{x+a}+\sqrt{a+2})=2\sqrt{a+2}$

$\lim\limits_{x \to 2} \dfrac{x-2}{\sqrt{x+a}-b}=6$이므로

$2\sqrt{a+2}=6$, $\sqrt{a+2}=3$

$a+2=9$ ∴ $\boldsymbol{a=7}$

$a=7$을 ㉠에 대입하면

$\boldsymbol{b=3}$

정답과 해설 9쪽

문제

07-1 다음 등식이 성립할 때, 상수 a, b의 값을 구하시오.

(1) $\lim\limits_{x \to -1} \dfrac{x^2+ax+b}{x+1}=2$

(2) $\lim\limits_{x \to 2} \dfrac{x^2+ax+b}{x^2-4}=-2$

(3) $\lim\limits_{x \to -1} \dfrac{x^2-1}{\sqrt{x+a}+b}=-8$

(4) $\lim\limits_{x \to 1} \dfrac{\sqrt{x+a}-3}{x-1}=b$

극한값을 이용하여 함수의 식 구하기

✎ 유형편 13쪽

필.수.예.제 08

다항함수 $f(x)$가 다음 조건을 모두 만족시킬 때, $f(0)$의 값을 구하시오.

$$\text{(가)} \lim_{x \to \infty} \frac{f(x)}{x^2-2x-3}=2 \qquad \text{(나)} \lim_{x \to 3} \frac{f(x)}{x^2-2x-3}=1$$

공략 Point

두 다항함수 $f(x)$, $g(x)$에 대하여

(1) $\lim\limits_{x \to \infty} \dfrac{f(x)}{g(x)}=\alpha$ (α는 0이 아닌 실수)이면 $f(x)$와 $g(x)$의 차수는 같고, $f(x)$와 $g(x)$의 최고차항의 계수의 비는 α이다.

(2) $\lim\limits_{x \to a} \dfrac{f(x)}{g(x)}=\beta$ (β는 실수)일 때, $\lim\limits_{x \to a} g(x)=0$이면
➡ $\lim\limits_{x \to a} f(x)=0$

풀이

(가)에서 $\lim\limits_{x \to \infty} \dfrac{f(x)}{x^2-2x-3}=2$이므로	$f(x)$는 최고차항의 계수가 2인 이차함수이다. ⋯⋯ ㉠
(나)에서 $x \to 3$일 때 (분모)$\to 0$이고, 극한값이 존재하므로 (분자)$\to 0$에서	$\lim\limits_{x \to 3} f(x)=0$ $\quad \therefore f(3)=0$ ⋯⋯ ㉡
㉠, ㉡에서	$f(x)=2(x-3)(x+a)$ (단, a는 상수) ⋯⋯ ㉢
㉢을 (나)의 좌변에 대입하면	$\lim\limits_{x \to 3} \dfrac{2(x-3)(x+a)}{x^2-2x-3}=\lim\limits_{x \to 3} \dfrac{2(x-3)(x+a)}{(x+1)(x-3)}$ $=\lim\limits_{x \to 3} \dfrac{2(x+a)}{x+1}=\dfrac{a+3}{2}$
(나)에서 $\lim\limits_{x \to 3} \dfrac{f(x)}{x^2-2x-3}=1$이므로	$\dfrac{a+3}{2}=1$ $\quad \therefore a=-1$
따라서 $f(x)=2(x-3)(x-1)$이므로	$f(0)=2 \times (-3) \times (-1)=\mathbf{6}$

정답과 해설 9쪽

문제

08-1 다항함수 $f(x)$가 다음 조건을 모두 만족시킬 때, $f(1)$의 값을 구하시오.

$$\text{(가)} \lim_{x \to \infty} \frac{f(x)}{x^2-3x-4}=3 \qquad \text{(나)} \lim_{x \to 4} \frac{f(x)}{x^2-3x-4}=2$$

08-2 다항함수 $f(x)$가 다음 조건을 모두 만족시킬 때, $f(2)$의 값을 구하시오.

$$\text{(가)} \lim_{x \to \infty} \frac{f(x)-2x^3}{x^2}=1 \qquad \text{(나)} \lim_{x \to 0} \frac{f(x)}{x}=-3$$

함수의 극한의 대소 관계

유형편 14쪽

필.수.예.제 09

다음 물음에 답하시오.

(1) 함수 $f(x)$가 모든 실수 x에 대하여 $\dfrac{2x^2-1}{x^2+1} < f(x) < \dfrac{2x^2+1}{x^2+1}$을 만족시킬 때, $\displaystyle\lim_{x\to\infty} f(x)$의 값을 구하시오.

(2) 함수 $f(x)$가 모든 양의 실수 x에 대하여 $2x+1 < f(x) < 2x+4$를 만족시킬 때, $\displaystyle\lim_{x\to\infty}\dfrac{\{f(x)\}^2}{x^2+1}$의 값을 구하시오.

공략 Point

$f(x) \le h(x) \le g(x)$이고
$\displaystyle\lim_{x\to\infty} f(x) = \lim_{x\to\infty} g(x) = a$
(a는 실수)이면
$$\lim_{x\to\infty} h(x) = a$$

풀이

(1) $\displaystyle\lim_{x\to\infty}\dfrac{2x^2-1}{x^2+1}$, $\displaystyle\lim_{x\to\infty}\dfrac{2x^2+1}{x^2+1}$의 값을 구하면	$\displaystyle\lim_{x\to\infty}\dfrac{2x^2-1}{x^2+1}=2$, $\displaystyle\lim_{x\to\infty}\dfrac{2x^2+1}{x^2+1}=2$
함수의 극한의 대소 관계에 의하여	$\displaystyle\lim_{x\to\infty} f(x) = \mathbf{2}$
(2) $x>0$일 때, $2x+1>0$이므로 주어진 부등식의 각 변을 제곱하면	$(2x+1)^2 < \{f(x)\}^2 < (2x+4)^2$
$x^2+1>0$이므로 각 변을 x^2+1로 나누면	$\dfrac{(2x+1)^2}{x^2+1} < \dfrac{\{f(x)\}^2}{x^2+1} < \dfrac{(2x+4)^2}{x^2+1}$
$\displaystyle\lim_{x\to\infty}\dfrac{(2x+1)^2}{x^2+1}$, $\displaystyle\lim_{x\to\infty}\dfrac{(2x+4)^2}{x^2+1}$의 값을 구하면	$\displaystyle\lim_{x\to\infty}\dfrac{(2x+1)^2}{x^2+1}=4$, $\displaystyle\lim_{x\to\infty}\dfrac{(2x+4)^2}{x^2+1}=4$
함수의 극한의 대소 관계에 의하여	$\displaystyle\lim_{x\to\infty}\dfrac{\{f(x)\}^2}{x^2+1}=\mathbf{4}$

정답과 해설 10쪽

문제

09-1 다음 물음에 답하시오.

(1) 함수 $f(x)$가 모든 실수 x에 대하여 $\dfrac{x^2+2}{3x^2+1} < f(x) < \dfrac{x^2+4}{3x^2+1}$를 만족시킬 때, $\displaystyle\lim_{x\to\infty} f(x)$의 값을 구하시오.

(2) 함수 $f(x)$가 모든 양의 실수 x에 대하여 $3x+1 < f(x) < 3x+4$를 만족시킬 때, $\displaystyle\lim_{x\to\infty}\dfrac{f(x)}{x}$의 값을 구하시오.

(3) 함수 $f(x)$가 모든 양의 실수 x에 대하여 $2x^2-5x-3 < x^2 f(x) < 2x^2+2x-1$을 만족시킬 때, $\displaystyle\lim_{x\to\infty} f(x)$의 값을 구하시오.

(4) 함수 $f(x)$가 모든 양의 실수 x에 대하여 $\sqrt{4x+1} < f(x) < \sqrt{4x+3}$을 만족시킬 때, $\displaystyle\lim_{x\to\infty}\dfrac{\{f(x)\}^2}{3x+2}$의 값을 구하시오.

1 두 함수 $y=f(x)$, $y=g(x)$의 그래프가 다음 그림과 같을 때, 보기 중 극한값이 존재하는 것만을 있는 대로 고르시오.

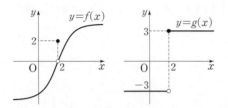

▶보기◀
ㄱ. $\lim_{x \to 2}\{f(x)+g(x)\}$
ㄴ. $\lim_{x \to 2}f(x)g(x)$
ㄷ. $\lim_{x \to 2}[\{f(x)\}^2+\{g(x)\}^2]$

2 함수 $f(x)$에 대하여 $\lim_{x \to \infty}\dfrac{f(x)}{x}=3$일 때, $\lim_{x \to \infty}\dfrac{x^2+xf(x)}{2x^2-xf(x)}$의 값을 구하시오.

3 함수 $f(x)$에 대하여 $\lim_{x \to 1}\dfrac{f(x)}{x-1}=3$, $\lim_{x \to 3}\dfrac{f(x-1)}{x}=4$일 때, $\lim_{x \to 2}\dfrac{f(x-1)f(x)}{x-2}$의 값을 구하시오.

4 두 함수 $f(x)$, $g(x)$에 대하여 $\lim_{x \to \infty}\{f(x)-x\}=2$, $\lim_{x \to \infty}g(x)=1$일 때, $\lim_{x \to \infty}\dfrac{f(x)g(x)}{x}$의 값을 구하시오.

5 두 함수 $f(x)$, $g(x)$에 대하여 $\lim_{x \to \infty}f(x)=\infty$, $\lim_{x \to \infty}\{5f(x)-2g(x)\}=2$일 때, $\lim_{x \to \infty}\dfrac{5f(x)+4g(x)}{f(x)+2g(x)}$의 값은?

① 2   ② $\dfrac{5}{2}$ ③ 3

④ $\dfrac{7}{2}$ ⑤ 4

6 두 함수 $f(x)$, $g(x)$에 대하여 $\lim_{x \to 1}f(x)=\alpha$, $\lim_{x \to 1}g(x)=\beta$이고 $\lim_{x \to 1}\{f(x)+g(x)\}=4$, $\lim_{x \to 1}f(x)g(x)=-5$일 때, $\lim_{x \to 1}\dfrac{f(x)+2}{2g(x)+1}$의 값을 구하시오. (단, $\alpha > \beta$)

7 두 함수 $f(x)$, $g(x)$에 대하여 다음 보기 중 옳은 것만을 있는 대로 고르시오.

▶보기◀
ㄱ. $\lim_{x \to a}f(x)$와 $\lim_{x \to a}\{f(x)+g(x)\}$의 값이 존재하면 $\lim_{x \to a}g(x)$의 값도 존재한다.
ㄴ. $\lim_{x \to a}f(x)$와 $\lim_{x \to a}f(x)g(x)$의 값이 존재하면 $\lim_{x \to a}g(x)$의 값도 존재한다.
ㄷ. $\lim_{x \to a}g(x)$와 $\lim_{x \to a}\dfrac{f(x)}{g(x)}$의 값이 존재하면 $\lim_{x \to a}f(x)$의 값도 존재한다. (단, $g(x)\neq0$)
ㄹ. $\lim_{x \to a}\{f(x)-g(x)\}=0$이면 $\lim_{x \to a}f(x)=\lim_{x \to a}g(x)$이다.

8 다음 중 옳지 <u>않은</u> 것은?

① $\lim\limits_{x \to 1} \dfrac{x^3-4x+3}{x^2-1} = -\dfrac{1}{2}$

② $\lim\limits_{x \to 0} \dfrac{\sqrt{x+1}-1}{x} = \dfrac{1}{2}$

③ $\lim\limits_{x \to 4} \dfrac{\sqrt{x}-2}{x-4} = \dfrac{1}{4}$

④ $\lim\limits_{x \to \infty} \dfrac{(2x+1)(x-1)}{3x^2+2} = \dfrac{2}{3}$

⑤ $\lim\limits_{x \to \infty} \dfrac{4x}{\sqrt{x^2+1}-2} = -4$

9 $\lim\limits_{x \to -\infty} \dfrac{\sqrt{x^2-x}-2x}{x-\sqrt{x^2+1}}$ 의 값을 구하시오.

10 $\lim\limits_{x \to -\infty} (\sqrt{x^2-ax+3}-\sqrt{x^2+2x-3}) = 2$일 때, 상수 a의 값을 구하시오.

11 오른쪽 그림과 같이 원 $x^2+y^2=4$ 위의 제1사분면 위에 있는 점 $P(a, b)$와 점 $A(2, 0)$을 지나는 직선이 y축과 만나는 점을 B라 하자. 점 P에서 x축에 내린 수선의 발을 H라 할 때, $\lim\limits_{a \to 2-} (\overline{BO} \times \overline{PH})$의 값을 구하시오.

(단, O는 원점)

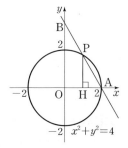

12 $\lim\limits_{x \to 1} \dfrac{\sqrt{x^2+3}+a}{x-1} = b$일 때, 상수 a, b에 대하여 ab의 값을 구하시오.

13 $\lim\limits_{x \to 3} \dfrac{x-3}{x^3+ax^2+bx} = \dfrac{1}{12}$일 때, 상수 a, b에 대하여 a^2+b^2의 값을 구하시오.

14 이차함수 $f(x)$에 대하여 $\lim\limits_{x \to 2} \dfrac{f(x)}{x-2} = 6$이고 $\lim\limits_{x \to -1} \dfrac{f(x)}{x+1}$의 값이 존재할 때, $\lim\limits_{x \to \infty} \dfrac{f(x)}{x^2}$의 값은?

① $\dfrac{1}{2}$ ② 1 ③ $\dfrac{3}{2}$

④ 2 ⑤ $\dfrac{5}{2}$

15 다항함수 $f(x)$가
$$\lim\limits_{x \to \infty} \dfrac{f(x)}{2x^2+x+1} = 1, \quad \lim\limits_{x \to 2} \dfrac{f(x)}{x^2-x-2} = 1$$
을 만족시킬 때, $f(3)$의 값은?

① 2 ② 3 ③ 4
④ 5 ⑤ 6

연습문제

16 함수 $f(x)$가 모든 실수 x에 대하여
$|f(x)-3x|<3$을 만족시킬 때, $\displaystyle\lim_{x\to\infty}\frac{\{f(x)\}^3}{x^3+1}$의
값을 구하시오.

17 함수 $f(x)$가 모든 양의 실수 x에 대하여
$$\frac{1}{\sqrt{4x^2+2}}<xf(x)<\frac{1}{2x}$$
을 만족시킬 때, $\displaystyle\lim_{x\to\infty}(3x-2)^2f(x)$의 값을 구하
시오.

실력

18 정수 n에 대하여 $\displaystyle\lim_{x\to n}\frac{[x]^2+3x}{[x]}=k$일 때, 상수 k
의 값을 구하시오.
　　　　(단, $[x]$는 x보다 크지 않은 최대의 정수)

19 $\displaystyle\lim_{x\to\infty}\frac{12}{x}\left[\frac{x}{3}\right]$의 값은?
　　　　(단, $[x]$는 x보다 크지 않은 최대의 정수)

① $\dfrac{1}{3}$　　　② 1　　　③ 3

④ 4　　　⑤ 12

20 $\displaystyle\lim_{x\to-\infty}(\sqrt{x^2+ax}+bx)=1$일 때, 상수 a, b에 대하여 $a+b$의 값을 구하시오. (단, $b>0$)

수능

21 상수항과 계수가 모두 정수인 두 다항함수 $f(x)$, $g(x)$가 다음 조건을 만족시킬 때, $f(2)$의 최댓값은?

> (가) $\displaystyle\lim_{x\to\infty}\frac{f(x)g(x)}{x^3}=2$
>
> (나) $\displaystyle\lim_{x\to0}\frac{f(x)g(x)}{x^2}=-4$

① 4　　　② 6　　　③ 8
④ 10　　　⑤ 12

22 두 다항함수 $f(x)$, $g(x)$에 대하여
$$\lim_{x\to\infty}\frac{f(x)}{g(x)}=2,\ \lim_{x\to\infty}\frac{f(x)-g(x)}{x-2}=3$$
이고 $\displaystyle\lim_{x\to-1}\frac{f(x)+g(x)}{x+1}$의 값이 존재할 때, 그 값
을 구하시오.

23 함수 $f(x)$가 모든 실수 x에 대하여
$$x^2-4\leq f(x)\leq 2x^2-4x$$
를 만족시킬 때, $\displaystyle\lim_{x\to2}\frac{f(x)}{x-2}$의 값을 구하시오.

I

함수의
극한과 연속

함수의 연속

1 함수의 연속과 불연속

(1) 함수의 연속

함수 $f(x)$가 실수 a에 대하여 다음 세 조건을 모두 만족시킬 때, 함수 $f(x)$는 $x=a$에서 **연속**이라 한다.

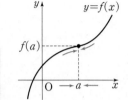

> (ⅰ) 함수 $f(x)$가 $x=a$에서 정의되어 있다.　◀ 함숫값 존재
>
> (ⅱ) 극한값 $\lim\limits_{x \to a} f(x)$가 존재한다.　◀ 극한값 존재
>
> (ⅲ) $\lim\limits_{x \to a} f(x)=f(a)$　◀ 함숫값과 극한값 일치

예 함수 $f(x)=x+1$이 $x=1$에서 연속인지 조사해 보자.

(ⅰ) $f(1)=2$

(ⅱ) $\lim\limits_{x \to 1+} f(x)=\lim\limits_{x \to 1-} f(x)=2$이므로 $\lim\limits_{x \to 1} f(x)=2$

(ⅲ) $\lim\limits_{x \to 1} f(x)=f(1)$

따라서 함수 $f(x)$는 $x=1$에서 연속이다.

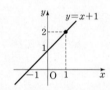

(2) 함수의 불연속

함수 $f(x)$가 $x=a$에서 연속이 아닐 때, 함수 $f(x)$는 $x=a$에서 **불연속**이라 한다. 즉, 함수 $f(x)$가 함수가 연속일 조건 (ⅰ), (ⅱ), (ⅲ) 중에서 어느 하나라도 만족시키지 않으면 함수 $f(x)$는 $x=a$에서 불연속이다.

참고 함수 $f(x)$가 $x=a$에서 불연속인 경우는 다음과 같다.

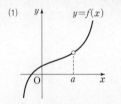

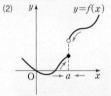

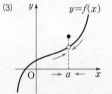

함수 $f(x)$는 $x=a$에서
정의되지 않는다.
➡ $f(a)$의 값이 존재하
지 않는다.

함수 $f(x)$는 $x=a$에서
극한값이 존재하지 않는다.
➡ $\lim\limits_{x \to a+} f(x) \neq \lim\limits_{x \to a-} f(x)$

함수 $f(x)$는 $x=a$에서
함숫값과 극한값이 같지
않다.
➡ $\lim\limits_{x \to a} f(x) \neq f(a)$

2 구간

두 실수 a, $b\,(a<b)$에 대하여 집합

$$\{x \,|\, a \leq x \leq b\}, \ \{x \,|\, a<x<b\}, \ \{x \,|\, a \leq x<b\}, \ \{x \,|\, a<x \leq b\}$$

를 각각 **구간**이라 하고, 기호로 각각

$$[a,\, b],\ (a,\, b),\ [a,\, b),\ (a,\, b]$$

와 같이 나타낸다.

이때 $[a,\, b]$를 **닫힌구간**, $(a,\, b)$를 **열린구간**, $[a,\, b)$와 $(a,\, b]$를 **반열린 구간** 또는 **반닫힌 구간**이라 한다.

또 실수 a에 대하여 집합

$$\{x|x\le a\},\ \{x|x<a\},\ \{x|x\ge a\},\ \{x|x>a\}$$

도 각각 구간이라 하고, 기호로 각각

$$(-\infty,\ a],\ (-\infty,\ a),\ [a,\ \infty),\ (a,\ \infty)$$

와 같이 나타낸다. 특히 실수 전체의 집합은 기호로 $(-\infty,\ \infty)$와 같이 나타낸다.

참고 각 구간을 수직선 위에 나타내면 다음과 같다.

$[a, b]$ (a, b) $[a, b)$ $(a, b]$

$(-\infty, a]$ $(-\infty, a)$ $[a, \infty)$ (a, ∞)

3 연속함수

함수 $f(x)$가 어떤 열린구간에 속하는 모든 실수 x에서 연속일 때, 함수 $f(x)$는 그 구간에서 연속이라 한다.

또 닫힌구간 $[a, b]$에서 정의된 함수 $f(x)$가 열린구간 (a, b)에서 연속이고

$$\lim_{x\to a+}f(x)=f(a),\ \lim_{x\to b-}f(x)=f(b)$$

일 때, $f(x)$는 닫힌구간 $[a, b]$에서 연속이라 한다.

일반적으로 어떤 구간에서 연속인 함수를 그 구간에서 **연속함수**라 한다.

예 함수 $f(x)=\sqrt{x-1}$은 열린구간 $(1, \infty)$에서 연속이고 $\lim\limits_{x\to 1+}f(x)=f(1)$이

므로 구간 $[1, \infty)$에서 연속이다.

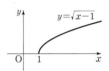

참고 함수의 그래프가 주어진 구간에서 끊어지지 않고 이어져 있으면 연속이고, 끊어져 있으면 불연속이다.
예를 들면 다음과 같다.

(1)
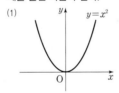
➡ 구간 $(-\infty, \infty)$에서 연속

(2)
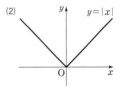
➡ 구간 $(-\infty, \infty)$에서 연속

(3)
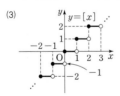
➡ $x=n(n$은 정수)에서 불연속

(4)
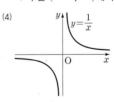
➡ $x=0$에서 불연속

개념 CHECK

정답과 해설 14쪽

1 다음 함수의 정의역을 구간의 기호로 나타내시오.

(1) $f(x)=x+1$ (2) $f(x)=x^2-2x+3$

(3) $f(x)=\sqrt{3-x}$ (4) $f(x)=\dfrac{1}{x-2}$

함수의 연속과 불연속

필.수.예.제 01

다음 함수가 $x=0$에서 연속인지 불연속인지 조사하시오.

(1) $f(x)=\begin{cases} x^2+x+1 & (x \geq 0) \\ -x+1 & (x<0) \end{cases}$

(2) $f(x)=\begin{cases} \dfrac{x^2+2x}{x} & (x \neq 0) \\ 1 & (x=0) \end{cases}$

공략 Point

함수 $f(x)$가 $x=a$에서 연속이려면 다음 세 조건을 모두 만족시켜야 한다.
(i) $f(a)$의 값이 존재
(ii) $\lim\limits_{x \to a} f(x)$의 값이 존재
(iii) $\lim\limits_{x \to a} f(x)=f(a)$

풀이

(1) $x=0$에서의 함숫값은 $\qquad f(0)=1$

$x \to 0$일 때의 극한값은
$$\lim_{x \to 0+} f(x)=\lim_{x \to 0+}(x^2+x+1)=1$$
$$\lim_{x \to 0-} f(x)=\lim_{x \to 0-}(-x+1)=1$$
$$\therefore \lim_{x \to 0} f(x)=1$$

따라서 $\lim\limits_{x \to 0} f(x)=f(0)$이므로 $\qquad$ 함수 $f(x)$는 $x=0$에서 **연속**이다.

(2) $x=0$에서의 함숫값은 $\qquad f(0)=1$

$x \to 0$일 때의 극한값은
$$\lim_{x \to 0} f(x)=\lim_{x \to 0}\frac{x^2+2x}{x}=\lim_{x \to 0}\frac{x(x+2)}{x}=\lim_{x \to 0}(x+2)=2$$

따라서 $\lim\limits_{x \to 0} f(x) \neq f(0)$이므로 $\qquad$ 함수 $f(x)$는 $x=0$에서 **불연속**이다.

정답과 해설 14쪽

문제

01-1 다음 함수가 $x=1$에서 연속인지 불연속인지 조사하시오.

(단, $[x]$는 x보다 크지 않은 최대의 정수)

(1) $f(x)=\begin{cases} 2x-1 & (x \geq 1) \\ -x+2 & (x<1) \end{cases}$

(2) $f(x)=\begin{cases} \dfrac{x^2+x-2}{x-1} & (x \neq 1) \\ 1 & (x=1) \end{cases}$

(3) $f(x)=\dfrac{x^2-1}{|x-1|}$

(4) $f(x)=x-[x]$

함수의 그래프와 연속(1)

📎 유형편 **17쪽**

필.수.예.제 02

열린구간 $(0, 4)$에서 정의된 함수 $y=f(x)$의 그래프가 오른쪽 그림과 같다. 함수 $f(x)$에 대하여 극한값이 존재하지 않는 x의 값의 개수를 a, 불연속인 x의 값의 개수를 b라 할 때, $a+b$의 값을 구하시오.

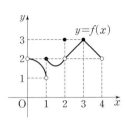

공략 Point

주어진 그래프에서 함숫값, 우극한, 좌극한을 구하여 극한값의 존재와 연속, 불연속을 조사한다.

풀이

(ⅰ) $x=1$에서의 함숫값은	$f(1)=2$
$x \to 1$일 때의 극한값은	$\lim\limits_{x \to 1+} f(x)=2$, $\lim\limits_{x \to 1-} f(x)=1$ $\therefore \lim\limits_{x \to 1+} f(x) \neq \lim\limits_{x \to 1-} f(x)$
$\lim\limits_{x \to 1} f(x)$의 값이 존재하지 않으므로	함수 $f(x)$는 $x=1$에서 불연속이다.
(ⅱ) $x=2$에서의 함숫값은	$f(2)=3$
$x \to 2$일 때의 극한값은	$\lim\limits_{x \to 2+} f(x)=2$, $\lim\limits_{x \to 2-} f(x)=2$ $\therefore \lim\limits_{x \to 2} f(x)=2$
$\lim\limits_{x \to 2} f(x) \neq f(2)$이므로	함수 $f(x)$는 $x=2$에서 불연속이다.
(ⅲ) $x=3$에서의 함숫값은	$f(3)=3$
$x \to 3$일 때의 극한값은	$\lim\limits_{x \to 3+} f(x)=3$, $\lim\limits_{x \to 3-} f(x)=3$ $\therefore \lim\limits_{x \to 3} f(x)=3$
$\lim\limits_{x \to 3} f(x)=f(3)$이므로	함수 $f(x)$는 $x=3$에서 연속이다.
(ⅰ), (ⅱ), (ⅲ)에서 함수 $f(x)$는 $x=1$에서 극한값이 존재하지 않고, $x=1$, $x=2$에서 불연속이므로	$a=1$, $b=2$
따라서 구하는 값은	$a+b=\mathbf{3}$

정답과 해설 14쪽

문제

02-1 열린구간 $(0, 4)$에서 정의된 함수 $y=f(x)$의 그래프가 오른쪽 그림과 같을 때, 함수 $f(x)$에 대하여 다음 보기 중 옳은 것만을 있는 대로 고르시오.

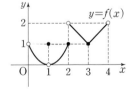

┌ **보기** ┐
ㄱ. $\lim\limits_{x \to 1} f(x)=0$
ㄴ. $\lim\limits_{x \to 2} f(x)$의 값이 존재한다.
ㄷ. 불연속인 x의 값은 2개이다.
└ ┘

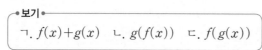

유형편 18쪽

필.수.예.제 03
함수의 그래프와 연속 (2)

두 함수 $y=f(x)$, $y=g(x)$의 그래프가 오른쪽 그림과 같을 때, 다음 보기의 함수 중 $x=1$에서 연속인 것만을 있는 대로 고르시오.

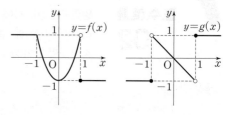

●보기●
ㄱ. $f(x)+g(x)$ ㄴ. $g(f(x))$ ㄷ. $f(g(x))$

공략 Point

주어진 그래프를 이용하여 각 함수에서 연속, 불연속을 조사한다.
이때 두 함수 $f(x)$, $g(x)$에 대하여 합성함수 $f(g(x))$가 $x=a$에서 연속이면
$\lim\limits_{x \to a+} f(g(x)) = \lim\limits_{x \to a-} f(g(x))$
$= f(g(a))$

풀이

ㄱ. $x=1$에서의 함숫값은	$f(1)+g(1)=-1+1=0$
$x \to 1$일 때의 극한값은	$\lim\limits_{x \to 1+}\{f(x)+g(x)\}=\lim\limits_{x \to 1+}f(x)+\lim\limits_{x \to 1+}g(x)$ $=-1+1=0$ $\lim\limits_{x \to 1-}\{f(x)+g(x)\}=\lim\limits_{x \to 1-}f(x)+\lim\limits_{x \to 1-}g(x)$ $=1+(-1)=0$ $\therefore \lim\limits_{x \to 1}\{f(x)+g(x)\}=0$
$\lim\limits_{x \to 1}\{f(x)+g(x)\}=f(1)+g(1)$이므로	함수 $f(x)+g(x)$는 $x=1$에서 연속이다.
ㄴ. $x=1$에서의 함숫값은	$g(f(1))=g(-1)=-1$
$f(x)=t$로 놓으면 $x \to 1+$일 때 $t=-1$이고, $x \to 1-$일 때 $t \to -1-$이므로 $x \to 1$일 때의 극한값은	$\lim\limits_{x \to 1+}g(f(x))=g(-1)=-1$ $\lim\limits_{x \to 1-}g(f(x))=\lim\limits_{t \to -1-}g(t)=-1$ $\therefore \lim\limits_{x \to 1}g(f(x))=-1$
$\lim\limits_{x \to 1}g(f(x))=g(f(1))$이므로	함수 $g(f(x))$는 $x=1$에서 연속이다.
ㄷ. $x=1$에서의 함숫값은	$f(g(1))=f(1)=-1$
$g(x)=t$로 놓으면 $x \to 1+$일 때 $t=1$이고, $x \to 1-$일 때 $t \to -1+$이므로 $x \to 1$일 때의 극한값은	$\lim\limits_{x \to 1+}f(g(x))=f(1)=-1$ $\lim\limits_{x \to 1-}f(g(x))=\lim\limits_{t \to -1+}f(t)=1$ $\therefore \lim\limits_{x \to 1+}f(g(x)) \neq \lim\limits_{x \to 1-}f(g(x))$
$\lim\limits_{x \to 1}f(g(x))$의 값이 존재하지 않으므로	함수 $f(g(x))$는 $x=1$에서 불연속이다.
따라서 보기의 함수 중 $x=1$에서 연속인 것은	ㄱ, ㄴ

정답과 해설 14쪽

문제

03-1 두 함수 $y=f(x)$, $y=g(x)$의 그래프가 오른쪽 그림과 같을 때, 다음 보기 중 옳은 것만을 있는 대로 고르시오.

●보기●
ㄱ. $\lim\limits_{x \to -1}f(x)g(x)=0$
ㄴ. 함수 $f(g(x))$는 $x=0$에서 연속이다.
ㄷ. 함수 $g(f(x))$는 $x=1$에서 불연속이다.

함수가 연속일 조건

필.수.예.제 04

함수 $f(x)=\begin{cases} \dfrac{x^2+ax-4}{x-2} & (x\neq2) \\ b & (x=2) \end{cases}$ 가 $x=2$에서 연속일 때, 상수 a, b의 값을 구하시오.

공략 Point

함수 $f(x)=\begin{cases} g(x) & (x\neq a) \\ b & (x=a) \end{cases}$

가 $x=a$에서 연속이면

➡ $\displaystyle\lim_{x\to a}g(x)=b$

풀이

함수 $f(x)$가 $x=2$에서 연속이면 $\displaystyle\lim_{x\to2}f(x)=f(2)$ 이므로	$\displaystyle\lim_{x\to2}\dfrac{x^2+ax-4}{x-2}=b$ ...... ㉠
$x\to2$일 때 (분모)$\to0$이고, 극한값이 존재하므로 (분자)$\to0$에서	$\displaystyle\lim_{x\to2}(x^2+ax-4)=0$ $4+2a-4=0$ ∴ $\boldsymbol{a=0}$
$a=0$을 ㉠의 좌변에 대입하면	$\displaystyle\lim_{x\to2}\dfrac{x^2-4}{x-2}=\lim_{x\to2}\dfrac{(x+2)(x-2)}{x-2}$ $=\displaystyle\lim_{x\to2}(x+2)=4$ ∴ $\boldsymbol{b=4}$

정답과 해설 15쪽

문제

04-1 함수 $f(x)=\begin{cases} \dfrac{\sqrt{x+6}-3}{x-3} & (x\neq3) \\ a & (x=3) \end{cases}$ 가 $x=3$에서 연속일 때, 상수 a의 값을 구하시오.

04-2 함수 $f(x)=\begin{cases} \dfrac{x^2+x+a}{x-1} & (x\neq1) \\ b & (x=1) \end{cases}$ 가 $x=1$에서 연속일 때, 상수 a, b에 대하여 $a+b$의 값을 구하시오.

04-3 함수 $f(x)=\begin{cases} x(x-1) & (|x|>1) \\ -x^2+ax+b & (|x|\leq1) \end{cases}$ 가 모든 실수 x에서 연속일 때, 상수 a, b에 대하여 ab의 값을 구하시오.

$(x-a)f(x)=g(x)$ 꼴의 함수의 연속

유형편 19쪽

필.수.예.제 05

모든 실수 x에서 연속인 함수 $f(x)$가
$$(x-2)f(x)=x^2+x+a$$
를 만족시킬 때, $f(2)$의 값을 구하시오. (단, a는 상수)

공략 Point

모든 실수 x에서 연속인 두 함수 $f(x)$, $g(x)$가 $(x-a)f(x)=g(x)$를 만족 시키면

➡ $f(a)=\lim\limits_{x \to a}\dfrac{g(x)}{x-a}$

풀이

$x \neq 2$일 때, 함수 $f(x)$를 구하면	$f(x)=\dfrac{x^2+x+a}{x-2}$
함수 $f(x)$가 모든 실수 x에서 연속이면 $x=2$에서 연속이므로 $f(2)=\lim\limits_{x \to 2}f(x)$에서	$f(2)=\lim\limits_{x \to 2}\dfrac{x^2+x+a}{x-2}$ ...... ㉠
$x \to 2$일 때 (분모)$\to 0$이고, 극한값이 존재하므로 (분자)$\to 0$에서	$\lim\limits_{x \to 2}(x^2+x+a)=0$ $4+2+a=0$ ∴ $a=-6$
$a=-6$을 ㉠에 대입하면	$f(2)=\lim\limits_{x \to 2}\dfrac{x^2+x-6}{x-2}=\lim\limits_{x \to 2}\dfrac{(x+3)(x-2)}{x-2}$ $=\lim\limits_{x \to 2}(x+3)=\mathbf{5}$

정답과 해설 15쪽

문제

05-1 $x \geq 3$인 모든 실수 x에서 연속인 함수 $f(x)$가
$$(x-4)f(x)=\sqrt{x-3}-1$$
을 만족시킬 때, $f(4)$의 값을 구하시오.

05-2 모든 실수 x에서 연속인 함수 $f(x)$가
$$(x-3)f(x)=x^2+ax-6$$
을 만족시킬 때, $a+f(3)$의 값을 구하시오. (단, a는 상수)

05-3 모든 실수 x에서 연속인 함수 $f(x)$가
$$(x^2-1)f(x)=x^4+ax^3+b$$
를 만족시킬 때, $f(-1)+f(1)$의 값을 구하시오. (단, a, b는 상수)

2 연속함수의 성질

1 연속함수의 성질

두 함수 $f(x)$, $g(x)$가 $x=a$에서 연속이면 다음 함수도 $x=a$에서 연속이다.

(1) $kf(x)$ (단, k는 상수)　　(2) $f(x)+g(x)$　　(3) $f(x)-g(x)$

(4) $f(x)g(x)$　　(5) $\dfrac{f(x)}{g(x)}$ (단, $g(a)\neq 0$)

> **참고** • 상수함수와 함수 $y=x$는 모든 실수 x에서 연속이므로 연속함수의 성질 (1)~(4)에 따라 다항함수
> $$f(x)=a_n x^n + a_{n-1}x^{n-1} + \cdots + a_1 x + a_0 \ (a_0, \ a_1, \ \cdots, \ a_n \text{은 상수}, \ n\text{은 자연수})$$
> 은 모든 실수 x에서 연속이다.
> • 두 다항함수 $f(x)$, $g(x)$에 대하여 함수 $\dfrac{f(x)}{g(x)}$는 연속함수의 성질 (5)에 따라 $g(x)\neq 0$인 모든 실수 x에서
> 연속이다.

> **예** • 함수 $f(x)=x^4+2x^2+3x-1$은 모든 실수 x에서 연속이다.
> • 함수 $f(x)=\dfrac{x^2+x}{x-1}$는 $x\neq 1$인 모든 실수 x에서 연속이다.

2 최대·최소 정리

닫힌구간에서 연속인 함수에 대하여 다음이 성립하고, 이를 **최대·최소 정리**라 한다.

함수 $f(x)$가 닫힌구간 $[a, b]$에서 연속이면 함수 $f(x)$는
이 구간에서 반드시 최댓값과 최솟값을 갖는다.

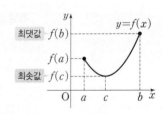

> **예** 함수 $f(x)=\dfrac{1}{x-1}$은 닫힌구간 $[2, 3]$에서 연속이므로 이 구간에서 최댓값
> 과 최솟값을 갖는다. 이때 최댓값은 $f(2)=1$, 최솟값은 $f(3)=\dfrac{1}{2}$이다.

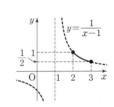

> **참고** 닫힌구간이 아니거나 불연속인 함수에서는 최댓값 또는 최솟값이 존재하지 않을 수도 있다.

(1) 구간 $[a, b)$　　(2) 구간 $(a, b]$　　(3) 구간 (a, b)　　(4) 구간 $[a, b]$에서 불연속

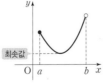　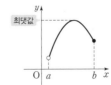　　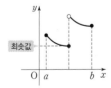

➡ 최댓값이 없다.　➡ 최솟값이 없다.　➡ 최댓값과 최솟값이 없다.　➡ 최댓값이 없다.

(1) 사잇값의 정리

닫힌구간에서 연속인 함수에 대하여 다음이 성립하고, 이를 **사잇값의 정리**라 한다.

함수 $f(x)$가 닫힌구간 $[a, b]$에서 연속이고 $f(a) \neq f(b)$
일 때, $f(a)$와 $f(b)$ 사이의 임의의 값 k에 대하여
$$f(c) = k$$
인 c가 열린구간 (a, b)에 적어도 하나 존재한다.

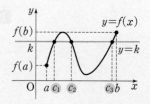

참고 함수 $f(x)$가 닫힌구간 $[a, b]$에서 연속이고 $f(a) \neq f(b)$이면 $f(a)$와 $f(b)$ 사이의 임의의 값 k에 대하여 x축에 평행한 직선 $y=k$와 함수 $y=f(x)$의 그래프는 적어도 한 점에서 만난다. 즉, $f(c)=k$인 c가 열린구간 (a, b)에 적어도 하나 존재한다.

(2) 사잇값의 정리의 응용

함수 $f(x)$가 닫힌구간 $[a, b]$에서 연속이고 $f(a)$와 $f(b)$의 부호가 서로 다를 때, 즉 $f(a)f(b)<0$일 때, $f(c)=0$인 c가 열린구간 (a, b)에 적어도 하나 존재한다.
따라서 방정식 $f(x)=0$은 열린구간 (a, b)에서 적어도 하나의 실근을 갖는다.

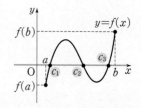

참고 함수 $f(x)$에 대하여 $f(a)$와 $f(b)$의 부호가 서로 다르면 함수 $y=f(x)$의 그래프는 x축과 만난다. 이때 함수 $y=f(x)$의 그래프가 x축과 만나는 점의 x좌표는 방정식 $f(x)=0$의 실근이므로 $f(a)f(b)<0$이면 방정식 $f(x)=0$은 열린구간 (a, b)에서 적어도 하나의 실근을 갖는다.

개념 PLUS

연속함수의 성질

두 함수 $f(x)$, $g(x)$가 $x=a$에서 연속이면 $\lim\limits_{x \to a} f(x) = f(a)$, $\lim\limits_{x \to a} g(x) = g(a)$이므로 함수의 극한에 대한 성질에 의하여 다음이 성립한다.

(1) $\lim\limits_{x \to a} kf(x) = k \lim\limits_{x \to a} f(x) = kf(a)$ (단, k는 상수)

(2), (3) $\lim\limits_{x \to a} \{f(x) \pm g(x)\} = \lim\limits_{x \to a} f(x) \pm \lim\limits_{x \to a} g(x) = f(a) \pm g(a)$ (복부호 동순)

(4) $\lim\limits_{x \to a} f(x)g(x) = \lim\limits_{x \to a} f(x) \times \lim\limits_{x \to a} g(x) = f(a)g(a)$

(5) $\lim\limits_{x \to a} \dfrac{f(x)}{g(x)} = \dfrac{\lim\limits_{x \to a} f(x)}{\lim\limits_{x \to a} g(x)} = \dfrac{f(a)}{g(a)}$ (단, $g(a) \neq 0$)

따라서 함수 $kf(x)$, $f(x)+g(x)$, $f(x)-g(x)$, $f(x)g(x)$, $\dfrac{f(x)}{g(x)}$도 $x=a$에서 연속이다.

개념 CHECK

정답과 해설 16쪽

1 다음 함수가 연속인 구간을 구하시오.

(1) $f(x) = 3x^4 + 2x - 2$ (2) $f(x) = \dfrac{1}{x^2 - x}$ (3) $f(x) = \dfrac{1}{x^2 + 1}$

연속함수의 성질

유형편 19쪽

필.수.예.제 06

두 함수 $f(x)=x-2$, $g(x)=x^2+1$에 대하여 다음 보기의 함수 중 모든 실수 x에서 연속인 것만을 있는 대로 고르시오.

•보기•

ㄱ. $3f(x)-g(x)$　　ㄴ. $f(x)g(x)$　　ㄷ. $\dfrac{f(x)}{g(x)}$　　ㄹ. $\dfrac{g(x)}{f(x)}$

공략 Point

두 함수 $f(x)$, $g(x)$가 $x=a$에서 연속이면 다음 함수도 $x=a$에서 연속이다.
(1) $kf(x)$ (단, k는 상수)
(2) $f(x)+g(x)$
(3) $f(x)-g(x)$
(4) $f(x)g(x)$
(5) $\dfrac{f(x)}{g(x)}$ (단, $g(a)\neq0$)

풀이

두 함수 $f(x)=x-2$, $g(x)=x^2+1$은 다항함수이므로 모든 실수 x에서 연속이다.

ㄱ. $3f(x)$, $g(x)$는 각각 모든 실수 x에서 연속이므로	$3f(x)-g(x)$도 모든 실수 x에서 연속이다.
ㄴ. $f(x)$, $g(x)$는 각각 모든 실수 x에서 연속이므로	$f(x)g(x)$도 모든 실수 x에서 연속이다.
ㄷ. $\dfrac{f(x)}{g(x)}=\dfrac{x-2}{x^2+1}$에서 $x^2+1>0$이므로	$\dfrac{f(x)}{g(x)}$는 모든 실수 x에서 연속이다.
ㄹ. $\dfrac{g(x)}{f(x)}=\dfrac{x^2+1}{x-2}$은 $x-2=0$, 즉 $x=2$에서 정의되지 않으므로	$\dfrac{g(x)}{f(x)}$는 $x=2$에서 불연속이다.
따라서 보기의 함수 중 모든 실수 x에서 연속인 것은	ㄱ, ㄴ, ㄷ

정답과 해설 16쪽

문제

06-1 두 함수 $f(x)=x^2-5x$, $g(x)=x^2-3$에 대하여 다음 보기의 함수 중 모든 실수 x에서 연속인 것만을 있는 대로 고르시오.

•보기•

ㄱ. $f(x)+2g(x)$　　ㄴ. $\{f(x)\}^2$　　ㄷ. $\dfrac{g(x)}{f(x)}$　　ㄹ. $\dfrac{1}{f(x)-g(x)}$

06-2 두 함수 $f(x)$, $g(x)$가 각각 $x=a$에서 연속일 때, 다음 보기의 함수 중 $x=a$에서 항상 연속인 것만을 있는 대로 고르시오.

•보기•

ㄱ. $3f(x)-5g(x)$　　ㄴ. $2f(x)g(x)$　　ㄷ. $\{g(x)\}^2$　　ㄹ. $\dfrac{g(x)}{f(x)}$

최대 · 최소 정리

유형편 20쪽

필.수.예.제
07

공략 Point

최대 · 최소 정리를 이용하여 주어진 구간에서 함수가 최댓값과 최솟값을 갖는지 확인한 후 그래프를 이용하여 최댓값과 최솟값을 구한다.

주어진 구간에서 다음 함수의 최댓값과 최솟값을 구하시오.

(1) $f(x) = -x^2 + 2x + 1$ $[-1, 2]$

(2) $f(x) = \dfrac{x+1}{x-1}$ $[2, 4]$

풀이

(1) 함수 $f(x) = -x^2 + 2x + 1$은 닫힌구간 $[-1, 2]$에서 연속이므로 이 구간에서 최댓값과 최솟값을 갖고, 함수 $y = f(x)$의 그래프는 오른쪽 그림과 같으므로 함수 $f(x)$의 최댓값과 최솟값은

$x = 1$일 때 **최댓값은 2**
$x = -1$일 때 **최솟값은 -2**

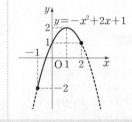

(2) 함수 $f(x) = \dfrac{x+1}{x-1} = \dfrac{2}{x-1} + 1$은 닫힌구간 $[2, 4]$에서 연속이므로 이 구간에서 최댓값과 최솟값을 갖고, 함수 $y = f(x)$의 그래프는 오른쪽 그림과 같으므로 함수 $f(x)$의 최댓값과 최솟값은

$x = 2$일 때 **최댓값은 3**
$x = 4$일 때 **최솟값은 $\dfrac{5}{3}$**

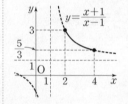

정답과 해설 16쪽

문제

07-1 주어진 구간에서 다음 함수의 최댓값과 최솟값을 구하시오.

(1) $f(x) = x^2 - 3x - 2$ $[-1, 3]$

(2) $f(x) = \sqrt{2x+1}$ $[0, 4]$

(3) $f(x) = |x - 3|$ $[1, 4]$

(4) $f(x) = \dfrac{2x-1}{x}$ $[-3, -1]$

07-2 함수 $f(x) = \dfrac{4x+1}{x-1}$에 대하여 다음 보기의 구간 중 최솟값이 존재하지 <u>않는</u> 것만을 있는 대로 고르시오.

┌ **보기** ─────────────────────────────────

ㄱ. $[-2, 2]$ ㄴ. $[-1, 0]$ ㄷ. $[0, 1]$ ㄹ. $[1, 2]$

└──────────────────────────────────────

사잇값의 정리

필.수.예.제 08

다음 물음에 답하시오.

(1) 방정식 $x^3+2x^2+x-1=0$이 오직 하나의 실근을 가질 때, 다음 보기 중 이 방정식의 실근이 존재하는 구간을 고르시오.

보기

ㄱ. $(-2, -1)$ ㄴ. $(-1, 0)$ ㄷ. $(0, 1)$ ㄹ. $(1, 2)$

(2) 모든 실수 x에서 연속인 함수 $f(x)$에 대하여 $f(-2)=2$, $f(-1)=3$, $f(0)=-2$, $f(1)=-1$, $f(2)=2$일 때, 방정식 $f(x)=0$은 열린구간 $(-2, 2)$에서 적어도 몇 개의 실근을 갖는지 구하시오.

공략 Point

함수 $f(x)$가 닫힌구간 $[a, b]$에서 연속이고 $f(a)f(b)<0$일 때, 방정식 $f(x)=0$은 열린구간 (a, b)에서 적어도 하나의 실근을 갖는다.

풀이

(1) $f(x)=x^3+2x^2+x-1$이라 하면 함수 $f(x)$는 닫힌구간 $[-2, 2]$에서 연속이다.

ㄱ. $f(-2)=-3$, $f(-1)=-1$이므로	$f(-2)f(-1)>0$
ㄴ. $f(-1)=-1$, $f(0)=-1$이므로	$f(-1)f(0)>0$
ㄷ. $f(0)=-1$, $f(1)=3$이므로	$f(0)f(1)<0$
ㄹ. $f(1)=3$, $f(2)=17$이므로	$f(1)f(2)>0$
따라서 사잇값의 정리에 의하여 보기의 구간 중 주어진 방정식의 실근이 존재하는 것은	ㄷ

(2) 함수 $f(x)$는 닫힌구간 $[-2, 2]$에서 연속이고 $f(-2)=2$, $f(-1)=3$, $f(0)=-2$, $f(1)=-1$, $f(2)=2$이므로 ⟶ $f(-2)f(-1)>0$, $f(-1)f(0)<0$, $f(0)f(1)>0$, $f(1)f(2)<0$

사잇값의 정리에 의하여 방정식 $f(x)=0$이 적어도 하나의 실근을 갖는 구간은 ⟶ $(-1, 0)$, $(1, 2)$

따라서 사잇값의 정리에 의하여 방정식 $f(x)=0$은 열린구간 $(-2, 2)$에서 ⟶ 적어도 **2개**의 실근을 갖는다.

정답과 해설 17쪽

문제

08-1 방정식 $x^3+x^2-3x-5=0$이 오직 하나의 실근을 가질 때, 다음 중 이 방정식의 실근이 존재하는 구간은?

① $(-3, -2)$ ② $(-2, -1)$ ③ $(-1, 0)$ ④ $(0, 1)$ ⑤ $(1, 2)$

08-2 모든 실수 x에서 연속인 함수 $f(x)$에 대하여 $f(-1)=-1$, $f(0)=-3$, $f(1)=1$, $f(2)=4$, $f(3)=-2$, $f(4)=5$일 때, 방정식 $f(x)=0$은 열린구간 $(-1, 4)$에서 적어도 몇 개의 실근을 갖는지 구하시오.

연습문제

1 다음 중 $x=1$에서 연속인 함수는?

① $f(x)=\dfrac{1}{x-1}$

② $f(x)=\sqrt{x-3}$

③ $f(x)=\dfrac{x^2+2x-3}{x-1}$

④ $f(x)=\begin{cases} x+2 & (x\geq1) \\ 3 & (x<1) \end{cases}$

⑤ $f(x)=\begin{cases} \dfrac{|x-1|}{x-1} & (x\neq1) \\ 1 & (x=1) \end{cases}$

평가원

2 함수 $f(x)$가 $x=2$에서 연속이고
$$\lim_{x\to2-}f(x)=a+2,\ \lim_{x\to2+}f(x)=3a-2$$
를 만족시킬 때, $a+f(2)$의 값을 구하시오.
(단, a는 상수)

3 $-1<x<3$에서 정의된
함수 $y=f(x)$의 그래
프가 오른쪽 그림과 같
을 때, 함수 $f(x)$에 대
하여 다음 보기 중 옳은
것만을 있는 대로 고르시오.

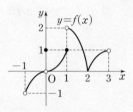

•보기•

ㄱ. $\lim\limits_{x\to1}f(x)$의 값이 존재한다.

ㄴ. $1<a<3$인 실수 a에 대하여
  $\lim\limits_{x\to a}f(x)=f(a)$이다.

ㄷ. 불연속인 x의 값은 2개이다.

4 두 함수 $y=f(x)$, $y=g(x)$의 그래프가 다음 그림
과 같을 때, 보기 중 옳은 것만을 있는 대로 고르시
오.

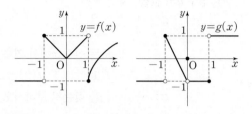

•보기•

ㄱ. $\lim\limits_{x\to-1}\{f(x)-g(x)\}=-2$

ㄴ. 함수 $f(x)g(x)$는 $x=0$에서 연속이다.

ㄷ. 함수 $(g\circ f)(x)$는 $x=1$에서 연속이다.

5 함수 $f(x)=\begin{cases} \dfrac{a\sqrt{x-1}+b}{x-2} & (x\neq2) \\ 2 & (x=2) \end{cases}$ 가 $x=2$에서

연속일 때, 상수 a, b에 대하여 ab의 값은?

① -20 ② -16 ③ -12

④ -8 ⑤ -4

6 함수 $y=f(x)$의 그래프
가 오른쪽 그림과 같다.
함수 $(x-a)f(x)$가
$x=1$에서 연속일 때, 상
수 a에 대하여 $a+f(a)$
의 값을 구하시오.

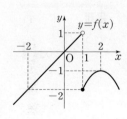

7 함수 $f(x)=\begin{cases} -x+a & (x \geq 0) \\ x+2 & (x < 0) \end{cases}$에 대하여 함수 $g(x)=f(x)f(x-1)$이 모든 실수 x에서 연속일 때, 상수 a의 값을 구하시오.

8 모든 실수 x에서 연속인 함수 $f(x)$가
$$(x-2)f(x)=x^2-ax+b$$
를 만족시키고 $f(3)=4$일 때, $f(2)$의 값을 구하시오. (단, a, b는 상수)

9 두 함수 $f(x)=x^2+9$, $g(x)=-6x$에 대하여 다음 중 함수 $\dfrac{f(x)}{f(x)+g(x)}$가 연속인 구간은?

① $(-\infty, \infty)$
② $(-\infty, -3)$, $(-3, \infty)$
③ $(-\infty, 0)$, $(0, \infty)$
④ $(-\infty, 3)$, $(3, \infty)$
⑤ $(-\infty, -3)$, $(-3, 0)$, $(0, \infty)$

10 두 함수 $f(x)=x^2-3x+1$, $g(x)=x^2-2ax+3a$에 대하여 함수 $\dfrac{f(x)}{g(x)}$가 모든 실수 x에서 연속일 때, 상수 a의 값의 범위를 구하시오.

11 두 함수 $f(x)$, $g(x)$에 대하여 다음 보기 중 옳은 것만을 있는 대로 고르시오. (단, 함수 $g(x)$의 치역은 함수 $f(x)$의 정의역에 포함된다.)

┌─ 보기 ─
ㄱ. 두 함수 $f(x)$, $g(x)$가 각각 모든 실수 x에서 연속이면 함수 $f(g(x))$도 모든 실수 x에서 연속이다.
ㄴ. 두 함수 $f(x)$, $f(x)+g(x)$가 각각 $x=a$에서 연속이면 함수 $g(x)$도 $x=a$에서 연속이다.
ㄷ. 두 함수 $f(x)$, $f(x)g(x)$가 각각 $x=a$에서 연속이면 함수 $g(x)$도 $x=a$에서 연속이다.
└─

12 함수 $f(x)=\dfrac{x+1}{2x-4}$에 대하여 다음 중 최댓값이 존재하지 <u>않는</u> 구간은?

① $[-1, 0]$　　② $[0, 1]$　　③ $[1, 2]$
④ $[2, 3]$　　⑤ $[3, 4]$

13 모든 실수 x에서 연속인 함수 $f(x)$에 대하여
$$f(1)f(2)<0, \ f(4)f(5)<0$$
이고, 모든 실수 x에 대하여 $f(x)=f(-x)$를 만족시킬 때, 방정식 $f(x)=0$은 적어도 몇 개의 실근을 갖는지 구하시오.

연습문제

14 모든 실수 x에서 연속인 함수 $f(x)$에 대하여
$$f(0)=1,\ f(1)=a^2-a-5$$
이다. 방정식 $f(x)-x^2=0$이 중근이 아닌 오직 하나의 실근을 가질 때, 이 방정식의 실근이 열린구간 $(0,\ 1)$에 존재하도록 하는 모든 정수 a의 값의 합을 구하시오.

실력

15 실수 a에 대하여 집합
$$\{x\,|\,x^2+2(a+2)x+4a+13=0,\ x는\ 실수\}$$
의 원소의 개수를 $f(a)$라 할 때, 함수 $f(a)$가 불연속인 a의 값을 모두 구하시오.

16 함수 $f(x)=\begin{cases} -x+1 & (0<x\le2) \\ x^2-4x+3 & (2<x<4) \end{cases}$ 에 대하여 함수 $y=[f(x)]$가 불연속인 x의 값의 개수를 구하시오. (단, $[x]$는 x보다 크지 않은 최대의 정수)

17 모든 실수 x에서 연속인 함수 $f(x)$가 닫힌구간 $[0,\ 3]$에서
$$f(x)=\begin{cases} a(x-2)^2+b & (0\le x\le2) \\ -2x+4 & (2<x\le3) \end{cases}$$
이고, 모든 실수 x에 대하여 $f(x)=f(x+3)$을 만족시킬 때, $f(19)$의 값을 구하시오.

18 실수 t에 대하여 직선 $y=t$와 함수 $y=\dfrac{2x+1}{x+1}$의 그래프의 교점의 개수를 $f(t)$라 하자. 함수 $f(x)$와 함수 $g(x)=2x+a$에 대하여 함수 $f(x)g(x)$가 실수 전체의 집합에서 연속일 때, 상수 a의 값을 구하시오.

19 모든 실수 x에서 연속인 함수 $f(x)$와 다항함수 $g(x)$가 다음 조건을 모두 만족시킬 때, $f(-1)+g(1)$의 값은?

> (가) $\displaystyle\lim_{x\to\infty}f(x)=2$
> (나) $(x+1)f(x)=g(x)+3x^2$

① -3 ② -1 ③ 0
④ 1 ⑤ 3

교육청

20 함수 $f(x)=x^2-8x+a$에 대하여 함수 $g(x)$를
$$g(x)=\begin{cases} 2x+5a & (x\ge a) \\ f(x+4) & (x<a) \end{cases}$$
라 할 때, 다음 조건을 만족시키는 모든 실수 a의 값의 곱을 구하시오.

> (가) 방정식 $f(x)=0$은 열린구간 $(0,\ 2)$에서 적어도 하나의 실근을 갖는다.
> (나) 함수 $f(x)g(x)$는 $x=a$에서 연속이다.

II

미분

1 미분계수

1 평균변화율

(1) 증분

함수 $y=f(x)$에서 x의 값이 a에서 b까지 변할 때, y의 값은 $f(a)$에서 $f(b)$까지 변한다.

이때 x의 값의 변화량 $b-a$를 x의 **증분**, y의 값의 변화량 $f(b)-f(a)$를 y의 **증분**이라 하고, 기호로 각각

$$\Delta x, \ \Delta y$$

와 같이 나타낸다. 즉,

$$\Delta x = b-a$$
$$\Delta y = f(b)-f(a) = f(a+\Delta x)-f(a)$$

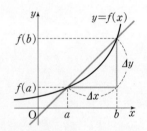

참고 ⊿는 차를 뜻하는 Difference의 첫 글자 D에 해당하는 그리스 문자로 '델타(delta)'라 읽는다.

(2) 평균변화율

함수 $y=f(x)$에서 x의 값이 a에서 b까지 변할 때, x의 증분 Δx에 대한 y의 증분 Δy의 비율은 다음과 같다.

$$\frac{\Delta y}{\Delta x} = \frac{f(b)-f(a)}{b-a}$$
$$= \frac{f(a+\Delta x)-f(a)}{\Delta x}$$

이를 x의 값이 a에서 b까지 변할 때의 함수 $y=f(x)$의 **평균변화율**이라 한다.

이때 함수 $y=f(x)$의 평균변화율은 함수 $y=f(x)$의 그래프 위의 두 점 $(a, f(a))$, $(b, f(b))$를 지나는 직선의 기울기와 같다.

예 함수 $f(x)=x^2$에서 x의 값이 -1에서 2까지 변할 때의 평균변화율은

$$\frac{\Delta y}{\Delta x} = \frac{f(2)-f(-1)}{2-(-1)} = \frac{4-1}{3} = 1$$

2 미분계수(순간변화율)

함수 $y=f(x)$에서 x의 값이 a에서 $a+\Delta x$까지 변할 때의 평균변화율

$$\frac{\Delta y}{\Delta x} = \frac{f(a+\Delta x)-f(a)}{\Delta x}$$

에 대하여 $\Delta x \to 0$일 때, 평균변화율의 극한값

$$\lim_{\Delta x \to 0} \frac{\Delta y}{\Delta x} = \lim_{\Delta x \to 0} \frac{f(a+\Delta x)-f(a)}{\Delta x}$$

가 존재하면 함수 $y=f(x)$는 $x=a$에서 **미분가능**하다고 한다.

이때 이 극한값을 함수 $y=f(x)$의 $x=a$에서의 **순간변화율** 또는 **미분계수**라 하고, 기호로

$$f'(a)$$

와 같이 나타낸다.

한편 $f'(a)=\lim\limits_{\Delta x\to 0}\dfrac{f(a+\Delta x)-f(a)}{\Delta x}$에서 $a+\Delta x=x$라 하면 $\Delta x=x-a$이고, $\Delta x\to 0$일 때

$x\to a$이므로 미분계수 $f'(a)$는 $f'(a)=\lim\limits_{x\to a}\dfrac{f(x)-f(a)}{x-a}$와 같이 나타낼 수 있다.

함수 $y=f(x)$의 $x=a$에서의 미분계수는

$$f'(a)=\lim_{\Delta x\to 0}\frac{\Delta y}{\Delta x}=\lim_{\Delta x\to 0}\frac{f(a+\Delta x)-f(a)}{\Delta x}=\lim_{x\to a}\frac{f(x)-f(a)}{x-a}$$

예 함수 $f(x)=x^2$의 $x=3$에서의 미분계수를 구해 보자.

[방법 1] $f'(3)=\lim\limits_{\Delta x\to 0}\dfrac{f(3+\Delta x)-f(3)}{\Delta x}$ ◀ $f'(a)=\lim\limits_{\Delta x\to 0}\dfrac{f(a+\Delta x)-f(a)}{\Delta x}$ 이용

$\qquad\qquad=\lim\limits_{\Delta x\to 0}\dfrac{(3+\Delta x)^2-9}{\Delta x}$

$\qquad\qquad=\lim\limits_{\Delta x\to 0}\dfrac{(\Delta x)^2+6\Delta x}{\Delta x}$

$\qquad\qquad=\lim\limits_{\Delta x\to 0}(\Delta x+6)=6$

[방법 2] $f'(3)=\lim\limits_{x\to 3}\dfrac{f(x)-f(3)}{x-3}$ ◀ $f'(a)=\lim\limits_{x\to a}\dfrac{f(x)-f(a)}{x-a}$ 이용

$\qquad\qquad=\lim\limits_{x\to 3}\dfrac{x^2-9}{x-3}$

$\qquad\qquad=\lim\limits_{x\to 3}\dfrac{(x+3)(x-3)}{x-3}$

$\qquad\qquad=\lim\limits_{x\to 3}(x+3)=6$

참고
- 미분계수 $f'(a)$는 'f 프라임(prime) a'라 읽는다.
- 평균변화율의 극한값이 존재하지 않을 때, 함수 $f(x)$는 $x=a$에서 미분가능하지 않다고 한다.
- 함수 $f(x)$가 어떤 구간에 속하는 모든 x에서 미분가능하면 함수 $f(x)$는 그 구간에서 미분가능하다고 한다. 특히 함수 $f(x)$가 정의역에 속하는 모든 x에서 미분가능하면 함수 $f(x)$는 미분가능한 함수라 한다.
- $f'(a)=\lim\limits_{\Delta x\to 0}\dfrac{f(a+\Delta x)-f(a)}{\Delta x}$에서 Δx 대신 h를 사용하여 $f'(a)=\lim\limits_{h\to 0}\dfrac{f(a+h)-f(a)}{h}$와 같이 나타내기도 한다.

3 미분계수의 기하적 의미

함수 $y=f(x)$의 $x=a$에서의 미분계수 $f'(a)$는 곡선 $y=f(x)$ 위의 점 $(a,\ f(a))$에서의 접선의 기울기와 같다.

예 곡선 $y=2x^2$ 위의 점 $(1,\ 2)$에서의 접선의 기울기를 구해 보자.

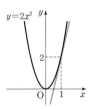

$f(x)=2x^2$이라 하면 곡선 $y=2x^2$ 위의 점 $(1,\ 2)$에서의 접선의 기울기는 함수 $y=f(x)$의 $x=1$에서의 미분계수 $f'(1)$과 같으므로

$f'(1)=\lim\limits_{\Delta x\to 0}\dfrac{f(1+\Delta x)-f(1)}{\Delta x}$

$\qquad=\lim\limits_{\Delta x\to 0}\dfrac{2(1+\Delta x)^2-2}{\Delta x}$

$\qquad=\lim\limits_{\Delta x\to 0}\dfrac{2(\Delta x)^2+4\Delta x}{\Delta x}$

$\qquad=\lim\limits_{\Delta x\to 0}(2\Delta x+4)=4$

따라서 곡선 $y=2x^2$ 위의 점 $(1,\ 2)$에서의 접선의 기울기는 4이다.

미분계수의 기하적 의미

$x=a$에서 미분가능한 함수 $y=f(x)$에 대하여 x의 값이 a에서
$a+\Delta x$까지 변할 때의 평균변화율은

$$\frac{\Delta y}{\Delta x}=\frac{f(a+\Delta x)-f(a)}{\Delta x}$$

이는 곡선 $y=f(x)$ 위의 두 점

$$P(a,\,f(a)),\,Q(a+\Delta x,\,f(a+\Delta x))$$

를 지나는 직선 PQ의 기울기와 같다.

점 P를 고정하였을 때, $\Delta x \to 0$이면 점 Q는 곡선 $y=f(x)$를 따라
점 P에 한없이 가까워지고, 직선 PQ는 점 P를 지나면서 기울기가
$\lim\limits_{\Delta x \to 0}\dfrac{\Delta y}{\Delta x}$인 직선 l에 한없이 가까워진다.

따라서 함수 $y=f(x)$의 $x=a$에서의 미분계수

$$f'(a)=\lim_{\Delta x \to 0}\frac{\Delta y}{\Delta x}=\lim_{\Delta x \to 0}\frac{f(a+\Delta x)-f(a)}{\Delta x}$$

는 곡선 $y=f(x)$ 위의 점 $P(a,\,f(a))$에서의 접선 l의 기울기를 나타낸다.

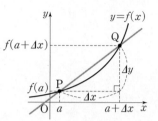

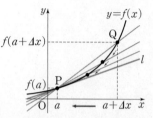

개념 CHECK

정답과 해설 22쪽

1 다음 함수에 대하여 x의 값이 -1에서 1까지 변할 때의 평균변화율을 구하시오.

(1) $f(x)=-2x+3$ (2) $f(x)=x^2-x$

2 다음 함수의 $x=2$에서의 미분계수를 구하시오.

(1) $f(x)=-4x+1$ (2) $f(x)=x^2+3x$

3 다음 곡선 위의 주어진 점에서의 접선의 기울기를 구하시오.

(1) $y=x^2-2x+5$ $(-1,\,8)$ (2) $y=x^3+x$ $(1,\,2)$

필.수.예.제
01

다음 물음에 답하시오.

(1) 함수 $f(x)=x^2-x$에 대하여 x의 값이 2에서 a까지 변할 때의 평균변화율이 4일 때, 상수 a의 값을 구하시오. (단, $a>2$)

(2) 함수 $f(x)=x^2-1$에 대하여 x의 값이 -1에서 3까지 변할 때의 평균변화율과 $x=a$에서의 미분계수가 같을 때, 상수 a의 값을 구하시오.

공략 Point

(1) 함수 $y=f(x)$에서 x의 값이 a에서 b까지 변할 때의 평균변화율은
$$\frac{\Delta y}{\Delta x}=\frac{f(b)-f(a)}{b-a}$$

(2) 함수 $y=f(x)$의 $x=a$에서의 미분계수는
$$f'(a)$$
$$=\lim_{\Delta x\to 0}\frac{f(a+\Delta x)-f(a)}{\Delta x}$$

풀이

(1) 함수 $f(x)$에 대하여 x의 값이 2에서 a까지 변할 때의 평균변화율은	$\dfrac{\Delta y}{\Delta x}=\dfrac{f(a)-f(2)}{a-2}=\dfrac{(a^2-a)-2}{a-2}$ $=\dfrac{a^2-a-2}{a-2}=\dfrac{(a+1)(a-2)}{a-2}=a+1$
평균변화율이 4이므로	$a+1=4$ $\quad\therefore a=\mathbf{3}$
(2) 함수 $f(x)$에 대하여 x의 값이 -1에서 3까지 변할 때의 평균변화율은	$\dfrac{\Delta y}{\Delta x}=\dfrac{f(3)-f(-1)}{3-(-1)}=\dfrac{8-0}{4}=2$
함수 $f(x)$의 $x=a$에서의 미분계수는	$f'(a)=\lim\limits_{\Delta x\to 0}\dfrac{f(a+\Delta x)-f(a)}{\Delta x}$ $=\lim\limits_{\Delta x\to 0}\dfrac{\{(a+\Delta x)^2-1\}-(a^2-1)}{\Delta x}$ $=\lim\limits_{\Delta x\to 0}\dfrac{(\Delta x)^2+2a\Delta x}{\Delta x}=\lim\limits_{\Delta x\to 0}(\Delta x+2a)=2a$
평균변화율과 미분계수가 같으므로	$2=2a$ $\quad\therefore a=\mathbf{1}$

정답과 해설 **22쪽**

문제

01- **1** 함수 $f(x)=x^2-5x+4$에 대하여 x의 값이 a에서 $a+1$까지 변할 때의 평균변화율이 2일 때, 상수 a의 값을 구하시오.

01- **2** 함수 $f(x)=x^2-3x+2$에 대하여 x의 값이 1에서 3까지 변할 때의 평균변화율과 $x=a$에서의 미분계수가 같을 때, 상수 a의 값을 구하시오.

01- **3** 함수 $f(x)=x^2+ax+4$에 대하여 x의 값이 0에서 2까지 변할 때의 평균변화율이 -2일 때, $x=a$에서의 미분계수를 구하시오. (단, a는 상수)

미분계수를 이용한 극한값의 계산(1)

필.수.예.제
02

미분가능한 함수 $f(x)$에 대하여 $f'(a)=1$일 때, 다음 극한값을 구하시오.

(1) $\lim\limits_{h \to 0} \dfrac{f(a+4h)-f(a)}{h}$ (2) $\lim\limits_{h \to 0} \dfrac{f(a+h)-f(a-h)}{h}$

공략 Point

분모의 항이 1개이면
$\lim\limits_{h \to 0} \dfrac{f(a+h)-f(a)}{h}=f'(a)$
임을 이용하여 주어진 극한값
을 $f'(a)$로 나타낸다.

풀이

(1) 분모, 분자에 각각 4를 곱하면	$\lim\limits_{h \to 0} \dfrac{f(a+4h)-f(a)}{h}$
	$=\lim\limits_{h \to 0} \dfrac{f(a+4h)-f(a)}{4h} \times 4$
미분계수의 정의에 의하여	$=4f'(a)$ ◀ $4h=t$로 놓으면 $h \to 0$일 때 $t \to 0$이므로
	$=4 \times 1 = \mathbf{4}$ $\lim\limits_{h \to 0} \dfrac{f(a+4h)-f(a)}{4h}=\lim\limits_{t \to 0} \dfrac{f(a+t)-f(a)}{t}=f'(a)$
(2) 분자에서 $f(a)$를 빼고 더하면	$\lim\limits_{h \to 0} \dfrac{f(a+h)-f(a-h)}{h}$
	$=\lim\limits_{h \to 0} \dfrac{f(a+h)-f(a)+f(a)-f(a-h)}{h}$
	$=\lim\limits_{h \to 0} \dfrac{f(a+h)-f(a)}{h}-\lim\limits_{h \to 0} \dfrac{f(a-h)-f(a)}{h}$
	$=\lim\limits_{h \to 0} \dfrac{f(a+h)-f(a)}{h}-\lim\limits_{h \to 0} \dfrac{f(a-h)-f(a)}{-h} \times (-1)$
미분계수의 정의에 의하여	$=f'(a)+f'(a)$ ◀ $-h=t$로 놓으면 $h \to 0$일 때 $t \to 0$이므로
	$=2f'(a)$ $\lim\limits_{h \to 0} \dfrac{f(a-h)-f(a)}{-h}$
	$=2 \times 1 = \mathbf{2}$ $=\lim\limits_{t \to 0} \dfrac{f(a+t)-f(a)}{t}=f'(a)$

정답과 해설 23쪽

문제

02-**1** 미분가능한 함수 $f(x)$에 대하여 $f'(a)=2$일 때, 다음 극한값을 구하시오.

(1) $\lim\limits_{h \to 0} \dfrac{f(a+3h)-f(a)}{2h}$ (2) $\lim\limits_{h \to 0} \dfrac{f(a+3h)-f(a-2h)}{h}$

02-**2** 미분가능한 함수 $f(x)$에 대하여 $\lim\limits_{h \to 0} \dfrac{f(1+2h)-f(1+h)}{4h}=\dfrac{3}{4}$일 때, $f'(1)$의 값을 구하시오.

미분계수를 이용한 극한값의 계산 (2)

유형편 24쪽

필.수.예.제
03

미분가능한 함수 $f(x)$에 대하여 $f(1)=2$, $f'(1)=6$일 때, 다음 극한값을 구하시오.

(1) $\lim\limits_{x \to 1} \dfrac{f(x)-f(1)}{x^2-1}$

(2) $\lim\limits_{x \to 1} \dfrac{x-1}{f(x^3)-f(1)}$

(3) $\lim\limits_{x \to 1} \dfrac{xf(1)-f(x)}{x-1}$

공략 Point

분모의 항이 2개이면
$\lim\limits_{x \to a} \dfrac{f(x)-f(a)}{x-a}=f'(a)$
임을 이용하여 주어진 극한값을 $f'(a)$로 나타낸다.

풀이

(1) $x^2-1=(x-1)(x+1)$이므로

$$\lim_{x \to 1} \frac{f(x)-f(1)}{x^2-1}=\lim_{x \to 1} \frac{f(x)-f(1)}{(x-1)(x+1)}$$

$$=\lim_{x \to 1} \left\{ \frac{f(x)-f(1)}{x-1} \times \frac{1}{x+1} \right\}$$

$$=\lim_{x \to 1} \frac{f(x)-f(1)}{x-1} \times \lim_{x \to 1} \frac{1}{x+1}$$

미분계수의 정의에 의하여

$$=f'(1) \times \frac{1}{2}=6 \times \frac{1}{2}=\mathbf{3}$$

(2) $x^3-1=(x-1)(x^2+x+1)$이므로
분모, 분자에 각각 x^2+x+1을 곱하여 정리하면

$$\lim_{x \to 1} \frac{x-1}{f(x^3)-f(1)}$$

$$=\lim_{x \to 1} \left\{ \frac{(x-1)(x^2+x+1)}{f(x^3)-f(1)} \times \frac{1}{x^2+x+1} \right\}$$

$$=\lim_{x \to 1} \left\{ \frac{1}{\dfrac{f(x^3)-f(1)}{x^3-1}} \times \frac{1}{x^2+x+1} \right\}$$

$$=\lim_{x \to 1} \frac{1}{\dfrac{f(x^3)-f(1)}{x^3-1}} \times \lim_{x \to 1} \frac{1}{x^2+x+1}$$

미분계수의 정의에 의하여

$$=\frac{1}{f'(1)} \times \frac{1}{3}=\frac{1}{6} \times \frac{1}{3}=\mathbf{\frac{1}{18}}$$

(3) 분자에서 $f(1)$을 빼고 더하면

$$\lim_{x \to 1} \frac{xf(1)-f(x)}{x-1}$$

$$=\lim_{x \to 1} \frac{xf(1)-f(1)+f(1)-f(x)}{x-1}$$

$$=\lim_{x \to 1} \frac{(x-1)f(1)-\{f(x)-f(1)\}}{x-1}$$

$$=\lim_{x \to 1} f(1)-\lim_{x \to 1} \frac{f(x)-f(1)}{x-1}$$

미분계수의 정의에 의하여

$$=f(1)-f'(1)=2-6=\mathbf{-4}$$

정답과 해설 23쪽

문제

03-**1** 미분가능한 함수 $f(x)$에 대하여 $f(2)=-1$, $f'(2)=1$일 때, 다음 극한값을 구하시오.

(1) $\lim\limits_{x \to 2} \dfrac{f(x)-f(2)}{x^2-4}$

(2) $\lim\limits_{x \to 2} \dfrac{x^2-x-2}{f(x)-f(2)}$

(3) $\lim\limits_{x \to 2} \dfrac{x^2f(2)-4f(x)}{x-2}$

관계식이 주어진 경우의 미분계수

유형편 24쪽

필.수.예.제 04

미분가능한 함수 $f(x)$가 모든 실수 x, y에 대하여
$$f(x+y)=f(x)+f(y)+1$$
을 만족시키고 $f'(0)=4$일 때, $f'(1)$의 값을 구하시오.

공략 Point

$f(x+y)=f(x)+f(y)+k$ 꼴의 관계식이 주어진 경우의 미분계수는 다음과 같은 순서로 구한다.
(1) 주어진 식의 양변에 $x=0$, $y=0$을 대입하여 $f(0)$의 값을 구한다.
(2) $f'(a)$
$$=\lim_{h \to 0}\frac{f(a+h)-f(a)}{h}$$
에서 주어진 관계식을 이용하여 $f(a+h)$를 변형한다.
(3) $f(0)$의 값을 이용하여 $f'(a)$의 값을 구한다.

풀이

$f(x+y)=f(x)+f(y)+1$의 양변에 $x=0$, $y=0$을 대입하면	$f(0)=f(0)+f(0)+1$ $\therefore f(0)=-1$
미분계수의 정의에 의하여 $f'(1)$은	$f'(1)=\lim_{h \to 0}\dfrac{f(1+h)-f(1)}{h}$
$f(1+h)=f(1)+f(h)+1$이므로	$=\lim_{h \to 0}\dfrac{f(1)+f(h)+1-f(1)}{h}$ $=\lim_{h \to 0}\dfrac{f(h)+1}{h}$
$f(0)=-1$이므로	$=\lim_{h \to 0}\dfrac{f(h)-f(0)}{h}$ $=f'(0)=4$

정답과 해설 23쪽

문제

04-1

미분가능한 함수 $f(x)$가 모든 실수 x, y에 대하여
$$f(x+y)=f(x)+f(y)-3xy$$
를 만족시키고 $f'(0)=2$일 때, $f'(2)$의 값을 구하시오.

04-2

미분가능한 함수 $f(x)$가 모든 실수 x, y에 대하여
$$f(x+y)=f(x)+f(y)+2xy-1$$
을 만족시키고 $f'(1)=1$일 때, $f'(0)$의 값을 구하시오.

미분계수의 기하적 의미

필.수.예.제 05

함수 $y=f(x)$의 그래프와 직선 $y=x$가 오른쪽 그림과 같다. $0<a<b$일 때, 다음 보기 중 옳은 것만을 있는 대로 고르시오.

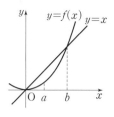

┌ 보기 ────────────────────────────────
ㄱ. $\dfrac{f(a)}{a}<\dfrac{f(b)}{b}$ ㄴ. $f(b)-f(a)>b-a$

ㄷ. $f'(a)>f'(b)$
└────────────────────────────────────

공략 Point

곡선 $y=f(x)$ 위의 점 $(a,\ f(a))$에서의 접선의 기울기는 함수 $y=f(x)$의 $x=a$에서의 미분계수 $f'(a)$와 같다.

풀이

함수 $y=f(x)$의 그래프 위의 $x=a$인 점을 A$(a,\ f(a))$, $x=b$인 점을 B$(b,\ f(b))$라 하자.

ㄱ. 두 직선 OA, OB의 기울기는 각각

$\dfrac{f(a)-f(0)}{a-0}=\dfrac{f(a)}{a},$

$\dfrac{f(b)-f(0)}{b-0}=\dfrac{f(b)}{b}$

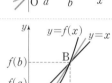

오른쪽 그림에서 직선 OA의 기울기는 직선 OB의 기울기보다 작으므로

$\dfrac{f(a)}{a}<\dfrac{f(b)}{b}$

ㄴ. 직선 AB의 기울기는

$\dfrac{f(b)-f(a)}{b-a}$

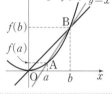

오른쪽 그림에서 직선 AB의 기울기는 직선 $y=x$의 기울기보다 크므로

$\dfrac{f(b)-f(a)}{b-a}>1$

$0<a<b$에서 $b-a>0$이므로

$f(b)-f(a)>b-a$

ㄷ. 두 점 A$(a,\ f(a))$, B$(b,\ f(b))$에서의 접선의 기울기는 각각

$f'(a),\ f'(b)$

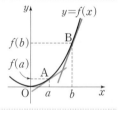

오른쪽 그림에서 점 A에서의 접선의 기울기는 점 B에서의 접선의 기울기보다 작으므로

$f'(a)<f'(b)$

따라서 보기 중 옳은 것은

ㄱ, ㄴ

정답과 해설 24쪽

문제

05- 1 오른쪽 그림과 같이 함수 $y=f(x)$의 그래프와 직선 $y=x$가 $x=a$인 점에서 접한다. $0<a<b$일 때, 다음 보기 중 옳은 것만을 있는 대로 고르시오.

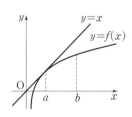

┌ 보기 ────────────────────────────────
ㄱ. $\dfrac{f(a)}{a}>\dfrac{f(b)}{b}$ ㄴ. $f'(a)>1$

ㄷ. $f'(b)<\dfrac{f(b)-f(a)}{b-a}$
└────────────────────────────────────

2 미분가능성과 연속성

1 미분가능성과 연속성

함수 $f(x)$가 $x=a$에서 미분가능하면 $f(x)$는 $x=a$에서 연속이다. 그러나 그 역은 성립하지 않는다. 즉, $x=a$에서 연속인 함수 $f(x)$가 $x=a$에서 반드시 미분가능한 것은 아니다.

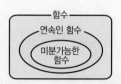

참고 함수 $f(x)$가 $x=a$에서 미분가능함을 보이려면 $x=a$에서의 미분계수 $f'(a)$가 존재함을 보이면 된다.

즉, $\lim\limits_{h\to 0+}\dfrac{f(a+h)-f(a)}{h}=\lim\limits_{h\to 0-}\dfrac{f(a+h)-f(a)}{h}$임을 보이면 된다.

예 함수 $f(x)=|x|$의 $x=0$에서의 연속성과 미분가능성을 조사해 보자.

 (i) $f(0)=0$, $\lim\limits_{x\to 0+}f(x)=\lim\limits_{x\to 0+}x=0$, $\lim\limits_{x\to 0-}f(x)=\lim\limits_{x\to 0-}(-x)=0$

따라서 $\lim\limits_{x\to 0}f(x)=f(0)$이므로 함수 $f(x)$는 $x=0$에서 연속이다.

 (ii) $\lim\limits_{h\to 0+}\dfrac{f(0+h)-f(0)}{h}=\lim\limits_{h\to 0+}\dfrac{|h|}{h}=\lim\limits_{h\to 0+}\dfrac{h}{h}=1$

  $\lim\limits_{h\to 0-}\dfrac{f(0+h)-f(0)}{h}=\lim\limits_{h\to 0-}\dfrac{|h|}{h}=\lim\limits_{h\to 0-}\dfrac{-h}{h}=-1$

즉, 미분계수 $f'(0)=\lim\limits_{h\to 0}\dfrac{f(0+h)-f(0)}{h}$이 존재하지 않으므로 함수 $f(x)$는 $x=0$에서 미분가능하지 않다.

 (i), (ii)에서 함수 $f(x)=|x|$는 $x=0$에서 연속이지만 미분가능하지 않다.

개념 PLUS

미분가능성과 연속성

함수 $f(x)$가 $x=a$에서 미분가능하면 미분계수 $f'(a)=\lim\limits_{x\to a}\dfrac{f(x)-f(a)}{x-a}$가 존재하므로

$$\lim_{x\to a}\{f(x)-f(a)\}=\lim_{x\to a}\left\{\dfrac{f(x)-f(a)}{x-a}\times(x-a)\right\}$$

$$=\lim_{x\to a}\dfrac{f(x)-f(a)}{x-a}\times\lim_{x\to a}(x-a)=f'(a)\times 0=0$$

따라서 $\lim\limits_{x\to a}f(x)=f(a)$이므로 함수 $f(x)$는 $x=a$에서 연속이다.

함수가 미분가능하지 않은 경우

(1) $x=a$에서 불연속인 경우

'함수 $f(x)$가 $x=a$에서 미분가능하면 $x=a$에서 연속이다.'는 참인 명제이므로 대우도 참이다. 즉, '함수 $f(x)$가 $x=a$에서 불연속이면 $x=a$에서 미분가능하지 않다.'

(2) $x=a$에서 연속이지만 그래프가 $x=a$에서 꺾이는 경우

함수 $f(x)$가 $x=a$에서 연속이지만 $x=a$에서 함수 $y=f(x)$의 그래프가 꺾이면 $\lim\limits_{h\to 0+}\dfrac{f(a+h)-f(a)}{h}\neq\lim\limits_{h\to 0-}\dfrac{f(a+h)-f(a)}{h}$이므로 $x=a$에서 미분가능하지 않다.

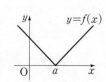

미분가능성과 연속성

유형편 25쪽

필.수.예.제 06

다음 함수의 $x=0$에서의 연속성과 미분가능성을 조사하시오.

(1) $f(x)=2x|x|$

(2) $f(x)=\begin{cases} x^2-x-1 & (x\geq 0) \\ x-1 & (x<0) \end{cases}$

공략 Point

함수 $f(x)$에 대하여 $\lim\limits_{x\to a}f(x)=f(a)$이면 $f(x)$는 $x=a$에서 연속이고, 미분계수

$f'(a)=\lim\limits_{h\to 0}\dfrac{f(a+h)-f(a)}{h}$

가 존재하면 $f(x)$는 $x=a$에서 미분가능하다.

풀이

(1) (i) $x=0$에서의 함숫값은	$f(0)=0$
$x\to 0$일 때의 극한값은	$\lim\limits_{x\to 0+}f(x)=\lim\limits_{x\to 0+}2x^2=0,\ \lim\limits_{x\to 0-}f(x)=\lim\limits_{x\to 0-}(-2x^2)=0$ $\therefore \lim\limits_{x\to 0}f(x)=0$
$\lim\limits_{x\to 0}f(x)=f(0)$이므로	함수 $f(x)$는 $x=0$에서 연속이다.
(ii) $f'(0)=\lim\limits_{h\to 0}\dfrac{f(h)-f(0)}{h}$이 므로 우극한과 좌극한은 각각	$\lim\limits_{h\to 0+}\dfrac{f(h)-f(0)}{h}=\lim\limits_{h\to 0+}\dfrac{2h^2-0}{h}=\lim\limits_{h\to 0+}2h=0$ $\lim\limits_{h\to 0-}\dfrac{f(h)-f(0)}{h}=\lim\limits_{h\to 0-}\dfrac{(-2h^2)-0}{h}=\lim\limits_{h\to 0-}(-2h)=0$
$f'(0)$의 값이 존재하므로	함수 $f(x)$는 $x=0$에서 미분가능하다.
(i), (ii)에서	함수 $f(x)$는 $x=0$에서 연속이고 미분가능하다.
(2) (i) $x=0$에서의 함숫값은	$f(0)=-1$
$x\to 0$일 때의 극한값은	$\lim\limits_{x\to 0+}f(x)=\lim\limits_{x\to 0+}(x^2-x-1)=-1$ $\lim\limits_{x\to 0-}f(x)=\lim\limits_{x\to 0-}(x-1)=-1$ $\therefore \lim\limits_{x\to 0}f(x)=-1$
$\lim\limits_{x\to 0}f(x)=f(0)$이므로	함수 $f(x)$는 $x=0$에서 연속이다.
(ii) $f'(0)=\lim\limits_{h\to 0}\dfrac{f(h)-f(0)}{h}$이 므로 우극한과 좌극한은 각각	$\lim\limits_{h\to 0+}\dfrac{f(h)-f(0)}{h}=\lim\limits_{h\to 0+}\dfrac{(h^2-h-1)-(-1)}{h}$ $=\lim\limits_{h\to 0+}\dfrac{h^2-h}{h}=\lim\limits_{h\to 0+}(h-1)=-1$ $\lim\limits_{h\to 0-}\dfrac{f(h)-f(0)}{h}=\lim\limits_{h\to 0-}\dfrac{(h-1)-(-1)}{h}=\lim\limits_{h\to 0-}\dfrac{h}{h}=1$
$f'(0)$의 값이 존재하지 않으 므로	함수 $f(x)$는 $x=0$에서 미분가능하지 않다.
(i), (ii)에서	함수 $f(x)$는 $x=0$에서 연속이지만 미분가능하지 않다.

정답과 해설 24쪽

문제

06-**1** 다음 함수의 $x=0$에서의 연속성과 미분가능성을 조사하시오.

(1) $f(x)=x^2-3|x|+2$

(2) $f(x)=\begin{cases} x & (x\geq 0) \\ x^2+x & (x<0) \end{cases}$

그래프를 이용한 함수의 미분가능성과 연속성

✎ 유형편 26쪽

필.수.예.제 07

$-1<x<4$에서 정의된 함수 $y=f(x)$의 그래프가 오른쪽 그림과 같다. 함수 $f(x)$가 불연속인 x의 값의 개수를 a, 미분가능하지 않은 x의 값의 개수를 b라 할 때, $a+b$의 값을 구하시오.

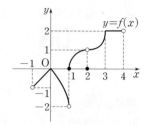

공략 Point

함수 $f(x)$가 $x=a$에서 미분가능하지 않은 경우
(1) $x=a$에서 불연속이다.
➡ $x=a$에서 함수의 그래프가 끊어져 있다.
(2) $x=a$에서 연속이지만 $f'(a)$가 존재하지 않는다.
➡ $x=a$에서 함수의 그래프가 꺾여 있다.

풀이

(i) $x=0$에서 $\lim_{x\to 0} f(x)=f(0)$이므로	함수 $f(x)$는 $x=0$에서 연속이다.
$x=0$에서 함수 $y=f(x)$의 그래프가 꺾여 있으므로	함수 $f(x)$는 $x=0$에서 미분가능하지 않다.
(ii) $x=1$에서 $\lim_{x\to 1} f(x)$의 값이 존재하지 않으므로	함수 $f(x)$는 $x=1$에서 불연속이다.
$x=1$에서 불연속이므로	함수 $f(x)$는 $x=1$에서 미분가능하지 않다.
(iii) $x=2$에서 $\lim_{x\to 2} f(x)\neq f(2)$이므로	함수 $f(x)$는 $x=2$에서 불연속이다.
$x=2$에서 불연속이므로	함수 $f(x)$는 $x=2$에서 미분가능하지 않다.
(iv) $x=3$에서 $\lim_{x\to 3} f(x)=f(3)$이므로	함수 $f(x)$는 $x=3$에서 연속이다.
$x=3$에서 함수 $y=f(x)$의 그래프가 꺾여 있으므로	함수 $f(x)$는 $x=3$에서 미분가능하지 않다.
(i)~(iv)에서 함수 $f(x)$는 $x=1$, $x=2$에서 불연속이고 $x=0$, $x=1$, $x=2$, $x=3$에서 미분가능하지 않으므로	$a=2$, $b=4$ $\therefore a+b=\mathbf{6}$

정답과 해설 24쪽

문제

07-**1** $-2<x<4$에서 정의된 함수 $y=f(x)$의 그래프가 오른쪽 그림과 같을 때, 함수 $f(x)$에 대하여 다음 보기 중 옳은 것만을 있는 대로 고르시오.

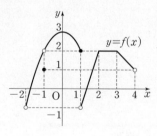

보기

ㄱ. $\lim_{x\to -1} f(x)=2$
ㄴ. 극한값이 존재하지 않는 x의 값은 2개이다.
ㄷ. 불연속인 x의 값은 2개이다.
ㄹ. 미분가능하지 않은 x의 값은 3개이다.

연습문제

1 함수 $y=f(x)$의 그래프가 오른쪽 그림과 같다. 함수 $f(x)$의 역함수를 $g(x)$라 할 때, $g(x)$에 대하여 x의 값이 3에서 9까지 변할 때의 평균변화율을 구하시오.

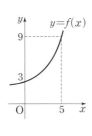

2 함수 $f(x)=x^2+3x+2$에 대하여 x의 값이 0에서 a까지 변할 때의 평균변화율과 $x=5$에서의 미분계수가 같을 때, 양수 a의 값은?

① 7   ② 8   ③ 9
④ 10   ⑤ 11

3 미분가능한 함수 $f(x)$가 $a \geq -1$인 실수 a에 대하여
$$f(1+a)-f(1)=\sqrt{a+1}-1$$
을 만족시킬 때, $f'(1)$의 값은?

① $\dfrac{1}{4}$ ② $\dfrac{1}{3}$ ③ $\dfrac{1}{2}$
④ 1   ⑤ 2

4 미분가능한 함수 $f(x)$에 대하여 $f'(2)=4$일 때, $\displaystyle\lim_{t\to\infty}2t\left\{f\left(2+\dfrac{1}{t}\right)-f(2)\right\}$의 값을 구하시오.

5 미분가능한 함수 $f(x)$에 대하여
$$\lim_{h\to 0}\frac{f(1+2h)-f(1-3h)}{h}=15$$
일 때, $\displaystyle\lim_{x\to 1}\dfrac{f(x^2)-f(1)}{x-1}$의 값은?

① 6   ② 7   ③ 8
④ 9   ⑤ 10

6 미분가능한 함수 $f(x)$에 대하여 $f(4)=8$, $f'(4)=5$일 때, $\displaystyle\lim_{x\to 4}\dfrac{\sqrt{x}f(4)-2f(x)}{x-4}$의 값을 구하시오.

7 미분가능한 두 함수 $f(x)$, $g(x)$에 대하여 $f(0)=0$, $f'(0)=2$, $g(1)=0$, $g'(1)=3$일 때, $\displaystyle\lim_{x\to 1}\dfrac{f(x-1)+g(x)}{x^3-1}$의 값은?

① $\dfrac{4}{3}$ ② $\dfrac{5}{3}$ ③ 2
④ $\dfrac{7}{3}$ ⑤ $\dfrac{8}{3}$

연습문제

8 미분가능한 함수 $f(x)$가 모든 실수 x, y에 대하여
$$f(x+y)=f(x)+f(y)+3$$
을 만족시키고 $f'(0)=3$일 때, $f'(10)$의 값은?

① $\dfrac{1}{9}$ ② $\dfrac{1}{6}$ ③ $\dfrac{1}{3}$

④ 1 ⑤ 3

9 곡선 $y=f(x)$ 위의 점 $(1, f(1))$에서의 접선의 기울기가 4일 때, $\displaystyle\lim_{h\to 0}\dfrac{f(1+2h)-f(1-4h)}{2h}$의 값을 구하시오.

10 다음 보기의 함수 중 $x=0$에서 연속이지만 미분가능하지 않은 것만을 있는 대로 고른 것은?
(단, $[x]$는 x보다 크지 않은 최대의 정수)

┌─ **보기** ─────────────────┐

ㄱ. $f(x)=x[x]$

ㄴ. $f(x)=\begin{cases} x|x| & (x\neq 0) \\ 0 & (x=0) \end{cases}$

ㄷ. $f(x)=\begin{cases} x^2+2x & (x\geq 0) \\ 4x & (x<0) \end{cases}$

└──────────────────────────┘

① ㄱ   ② ㄴ   ③ ㄷ

④ ㄱ, ㄷ   ⑤ ㄴ, ㄷ

11 $0<x<6$에서 정의된 함수 $y=f(x)$의 그래프가 아래 그림과 같을 때, 다음 중 함수 $f(x)$에 대한 설명으로 옳지 <u>않은</u> 것은?

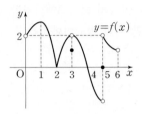

① $f'(4)<0$

② $\displaystyle\lim_{x\to 3}f(x)=2$

③ 불연속인 x의 값은 2개이다.

④ $f'(x)=0$인 x의 값은 2개이다.

⑤ 미분가능하지 않은 x의 값은 3개이다.

실력

12 미분가능한 두 함수 $f(x)$, $g(x)$에 대하여
$$\lim_{x\to 1}\dfrac{f(x)-2}{x-1}=1, \quad g(1)=2f(1), \quad g'(1)=2$$일 때,
$\displaystyle\lim_{x\to 1}\dfrac{f(x)-xf(1)}{g(x)-xg(1)}$의 값을 구하시오.

13 오른쪽 그림과 같이 최고차항의 계수가 양수인 이차함수 $y=f(x)$의 그래프가 직선 $y=x$와 점 $(-1, -1)$에서 접할 때, 다음 보기 중 옳은 것만을 있는 대로 고르시오.

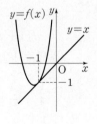

┌─ **보기** ─────────────────┐

ㄱ. $a<0$일 때, $\dfrac{f(a)}{a}\leq 1$

ㄴ. $-1<a<0$일 때, $f'(a)>1$

ㄷ. $a<-1$일 때, $\dfrac{f(a)+1}{a+1}<f'(a)$

└──────────────────────────┘

도함수

1 도함수

(1) 함수 $y=f(x)$가 정의역 X에서 미분가능하면 정의역의 각 원소 x에 미분계수 $f'(x)$를 대응시키는 새로운 함수

$$f' : X \longrightarrow R, \ f'(x)=\lim_{\Delta x \to 0}\frac{f(x+\Delta x)-f(x)}{\Delta x}$$

가 존재한다.

이때 이 함수 $f'(x)$를 함수 $f(x)$의 **도함수**라 하고, 기호로

$$f'(x), \ y', \ \frac{dy}{dx}, \ \frac{d}{dx}f(x)$$

와 같이 나타낸다.

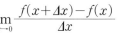

(2) 함수 $f(x)$의 도함수 $f'(x)$를 구하는 것을 함수 $f(x)$를 x에 대하여 미분한다고 하고, 그 계산법을 미분법이라 한다.

> **참고** • $\frac{dy}{dx}$는 y를 x에 대하여 미분한다는 뜻으로 '디와이(dy) 디엑스(dx)'라 읽는다.
> • 함수 $f(x)$의 $x=a$에서의 미분계수 $f'(a)$는 도함수 $f'(x)$의 식에 $x=a$를 대입한 값이다.
> • 함수 $f(x)$의 도함수 $f'(x)$는 Δx 대신 h를 사용하여 $f'(x)=\lim_{h \to 0}\frac{f(x+h)-f(x)}{h}$와 같이 나타내기도 한다.

> **예** 함수 $f(x)=x^2$의 도함수는
> $$f'(x)=\lim_{h \to 0}\frac{f(x+h)-f(x)}{h}=\lim_{h \to 0}\frac{(x+h)^2-x^2}{h}=\lim_{h \to 0}\frac{2xh+h^2}{h}=\lim_{h \to 0}(2x+h)=2x$$

2 함수 $y=x^n$ (n은 양의 정수)과 상수함수의 도함수

(1) $y=c$ (c는 상수)이면 $y'=0$
(2) $y=x$이면 $y'=1$
(3) $y=x^n$ ($n\geq2$인 정수)이면 $y'=nx^{n-1}$

> **예** • $y=10$이면 $y'=0$
> • $y=x^5$이면 $y'=5x^{5-1}=5x^4$

3 함수의 실수배, 합, 차의 미분법

두 함수 $f(x)$, $g(x)$가 미분가능할 때
(1) $\{kf(x)\}'=kf'(x)$ (단, k는 상수)
(2) $\{f(x)+g(x)\}'=f'(x)+g'(x)$
(3) $\{f(x)-g(x)\}'=f'(x)-g'(x)$

> **참고** (2), (3)은 세 개 이상의 함수에서도 성립한다.

> **예** $y=3x^3-x^2+4x$이면 $y'=3(x^3)'-(x^2)'+4(x)'=3\times3x^2-2x+4\times1=9x^2-2x+4$

4 함수의 곱의 미분법

세 함수 $f(x)$, $g(x)$, $h(x)$가 미분가능할 때

(1) $\{f(x)g(x)\}'=f'(x)g(x)+f(x)g'(x)$

(2) $\{f(x)g(x)h(x)\}'=f'(x)g(x)h(x)+f(x)g'(x)h(x)+f(x)g(x)h'(x)$

(3) $[\{f(x)\}^n]'=n\{f(x)\}^{n-1}\times f'(x)$ (단, $n\geq2$인 정수)

예
- $y=(x^2+1)(2x+3)$이면

  $y'=\{(x^2+1)(2x+3)\}'=(x^2+1)'(2x+3)+(x^2+1)(2x+3)'$

  $\quad=2x(2x+3)+(x^2+1)\times2=4x^2+6x+2x^2+2=6x^2+6x+2$
- $y=(2x+1)^2$이면

  $y'=\{(2x+1)^2\}'=2(2x+1)\times(2x+1)'=2(2x+1)\times2=8x+4$

개념 PLUS

함수 $y=x^n$ (n은 양의 정수)과 상수함수의 도함수

(1) $f(x)=c$ (c는 상수)라 하면

$$f'(x)=\lim_{h\to0}\frac{f(x+h)-f(x)}{h}=\lim_{h\to0}\frac{c-c}{h}=0$$

(2) $f(x)=x$라 하면

$$f'(x)=\lim_{h\to0}\frac{f(x+h)-f(x)}{h}=\lim_{h\to0}\frac{(x+h)-x}{h}=1$$

(3) $f(x)=x^n$ ($n\geq2$인 정수)이라 하면

$$f'(x)=\lim_{h\to0}\frac{f(x+h)-f(x)}{h}=\lim_{h\to0}\frac{(x+h)^n-x^n}{h}$$

$$=\lim_{h\to0}\frac{\{(x+h)-x\}\{(x+h)^{n-1}+(x+h)^{n-2}x+\cdots+x^{n-1}\}}{h}$$

◀ a^n-b^n
$=(a-b)(a^{n-1}+a^{n-2}b$
$\quad+\cdots+ab^{n-2}+b^{n-1})$

$$=\lim_{h\to0}\{(x+h)^{n-1}+(x+h)^{n-2}x+\cdots+x^{n-1}\}$$

$$=x^{n-1}+x^{n-1}+\cdots+x^{n-1}=nx^{n-1}$$

함수의 실수배, 합, 차의 미분법

(1) $\{kf(x)\}'=\lim_{h\to0}\dfrac{kf(x+h)-kf(x)}{h}=\lim_{h\to0}\dfrac{k\{f(x+h)-f(x)\}}{h}$

$\qquad=k\times\lim_{h\to0}\dfrac{f(x+h)-f(x)}{h}=kf'(x)$ (단, k는 상수)

(2) $\{f(x)+g(x)\}'=\lim_{h\to0}\dfrac{\{f(x+h)+g(x+h)\}-\{f(x)+g(x)\}}{h}$

$\qquad=\lim_{h\to0}\left\{\dfrac{f(x+h)-f(x)}{h}+\dfrac{g(x+h)-g(x)}{h}\right\}$

$\qquad=\lim_{h\to0}\dfrac{f(x+h)-f(x)}{h}+\lim_{h\to0}\dfrac{g(x+h)-g(x)}{h}=f'(x)+g'(x)$

(3) $\{f(x)-g(x)\}'=\lim_{h\to0}\dfrac{\{f(x+h)-g(x+h)\}-\{f(x)-g(x)\}}{h}$

$\qquad=\lim_{h\to0}\left\{\dfrac{f(x+h)-f(x)}{h}-\dfrac{g(x+h)-g(x)}{h}\right\}$

$\qquad=\lim_{h\to0}\dfrac{f(x+h)-f(x)}{h}-\lim_{h\to0}\dfrac{g(x+h)-g(x)}{h}=f'(x)-g'(x)$

함수의 곱의 미분법

(1) $\{f(x)g(x)\}'=\lim\limits_{h\to 0}\dfrac{f(x+h)g(x+h)-f(x)g(x)}{h}$

$\qquad\qquad\quad=\lim\limits_{h\to 0}\dfrac{f(x+h)g(x+h)-f(x)g(x+h)+f(x)g(x+h)-f(x)g(x)}{h}$

$\qquad\qquad\quad=\lim\limits_{h\to 0}\dfrac{f(x+h)-f(x)}{h}\times\lim\limits_{h\to 0}g(x+h)+\lim\limits_{h\to 0}f(x)\times\lim\limits_{h\to 0}\dfrac{g(x+h)-g(x)}{h}$

$\qquad\qquad\quad=f'(x)g(x)+f(x)g'(x)$ ◀ 함수 $g(x)$가 미분가능하면 연속이므로 $\lim\limits_{h\to 0}g(x+h)=g(x)$

(2) $\{f(x)g(x)h(x)\}'=\{f(x)g(x)\}'h(x)+\{f(x)g(x)\}h'(x)$ $(\because$ (1))

$\qquad\qquad\qquad\quad=\{f'(x)g(x)+f(x)g'(x)\}h(x)+f(x)g(x)h'(x)$

$\qquad\qquad\qquad\quad=f'(x)g(x)h(x)+f(x)g'(x)h(x)+f(x)g(x)h'(x)$

(3) $y=\{f(x)\}^n$ ($n\geq 2$인 정수)이라 하자.

$\quad n=2$이면 $y=\{f(x)\}^2$에서

$\qquad y'=\{f(x)f(x)\}'=f'(x)f(x)+f(x)f'(x)=2f(x)f'(x)$

$\quad n=3$이면 $y=\{f(x)\}^3$에서

$\qquad y'=\{f(x)f(x)f(x)\}'=f'(x)f(x)f(x)+f(x)f'(x)f(x)+f(x)f(x)f'(x)$

$\qquad\quad=3\{f(x)\}^2\times f'(x)$

같은 방법으로

$n=4$이면 $y=\{f(x)\}^4$에서 $y'=4\{f(x)\}^3\times f'(x)$

$\qquad\vdots$

따라서 $y=\{f(x)\}^n$ ($n\geq 2$인 정수)이면 $y'=n\{f(x)\}^{n-1}\times f'(x)$

개념 CHECK

1 다음은 함수 $f(x)=2x^2-x$의 도함수를 구하는 과정이다. ㈎, ㈏, ㈐에 알맞은 것을 구하시오.

$$f'(x)=\lim_{h\to 0}\frac{f(x+h)-f(x)}{h}=\lim_{h\to 0}\frac{2h^2+\boxed{㈎}-h}{h}$$
$$=\lim_{h\to 0}(2h+\boxed{㈏}-1)=\boxed{㈐}$$

2 다음 함수를 미분하시오.

(1) $y=12x^2-16x+8$ $\qquad\qquad$ (2) $y=-2x^3+x^2-3$

(3) $y=\dfrac{1}{3}x^3-2x^2+\dfrac{3}{5}$ $\qquad\qquad$ (4) $y=x^4+2x^2-2x+5$

3 다음 함수를 미분하시오.

(1) $y=(2x+1)(3x-1)$ $\qquad\qquad$ (2) $y=(x^2+3)(x-2)$

(3) $y=x(x-1)(x-2)$ $\qquad\qquad$ (4) $y=(x+3)(3x-1)^2$

관계식이 주어진 경우의 도함수

🖉 유형편 28쪽

필.수.예.제
01

미분가능한 함수 $f(x)$가 모든 실수 x, y에 대하여
$$f(x+y)=f(x)+f(y)-4xy$$
를 만족시키고 $f'(1)=-2$일 때, $f'(x)$를 구하시오.

공략 Point

주어진 관계식에서 $f(0)$의 값을 구한 다음 도함수의 정의를 이용하여 $f'(x)$를 구한다.
➡ $f'(x)$
$=\lim\limits_{h \to 0} \dfrac{f(x+h)-f(x)}{h}$

풀이

$f(x+y)=f(x)+f(y)-4xy$의 양변에 $x=0$, $y=0$을 대입하면	$f(0)=f(0)+f(0)$ $\therefore f(0)=0$
미분계수의 정의에 의하여 $f'(1)$은	$f'(1)=\lim\limits_{h \to 0} \dfrac{f(1+h)-f(1)}{h}$ $=\lim\limits_{h \to 0} \dfrac{f(1)+f(h)-4h-f(1)}{h}$ $=\lim\limits_{h \to 0} \dfrac{f(h)-4h}{h}$
$f(0)=0$이므로	$=\lim\limits_{h \to 0} \left\{ \dfrac{f(h)-f(0)}{h}-4 \right\}$ $=f'(0)-4$
$f'(1)=-2$이므로	$f'(0)-4=-2$ $\therefore f'(0)=2$
도함수 $f'(x)$를 구하면	$f'(x)=\lim\limits_{h \to 0} \dfrac{f(x+h)-f(x)}{h}$ $=\lim\limits_{h \to 0} \dfrac{f(x)+f(h)-4xh-f(x)}{h}$ $=\lim\limits_{h \to 0} \dfrac{f(h)-4xh}{h}$ $=\lim\limits_{h \to 0} \left\{ \dfrac{f(h)-f(0)}{h}-4x \right\}$ $=f'(0)-4x$
$f'(0)=2$이므로	$=-4x+2$

정답과 해설 28쪽

문제

01-1

미분가능한 함수 $f(x)$가 모든 실수 x, y에 대하여
$$f(x+y)=f(x)+f(y)+2xy+1$$
을 만족시키고 $f'(2)=2$일 때, $f'(x)$를 구하시오.

미분법

📎 유형편 28쪽

필.수.예.제
02

다음 물음에 답하시오.

(1) 함수 $f(x)=x^4-5x^2+2x+1$에 대하여 $f'(-1)$의 값을 구하시오.

(2) 함수 $f(x)=(x^3+1)(2x-1)$에 대하여 $f'(2)$의 값을 구하시오.

공략 Point

두 함수 $f(x)$, $g(x)$가 미분 가능할 때

(1) $\{kf(x)\}'=kf'(x)$
    (단, k는 상수)

(2) $\{f(x)+g(x)\}'$
    $=f'(x)+g'(x)$

(3) $\{f(x)-g(x)\}'$
    $=f'(x)-g'(x)$

(4) $\{f(x)g(x)\}'$
    $=f'(x)g(x)$
    $\quad+f(x)g'(x)$

풀이

(1) 함수 $f(x)$를 x에 대하여 미분하면	$\begin{aligned} f'(x) &= (x^4)'-5(x^2)'+2(x)'+(1)' \\ &= 4x^3-5\times 2x+2\times 1+0 \\ &= 4x^3-10x+2 \end{aligned}$
따라서 구하는 값은	$f'(-1)=-4+10+2=8$
(2) 함수 $f(x)$를 x에 대하여 미분하면	$\begin{aligned} f'(x) &= (x^3+1)'(2x-1)+(x^3+1)(2x-1)' \\ &= 3x^2(2x-1)+(x^3+1)\times 2 \\ &= 6x^3-3x^2+2x^3+2 \\ &= 8x^3-3x^2+2 \end{aligned}$
따라서 구하는 값은	$f'(2)=64-12+2=\mathbf{54}$

정답과 해설 28쪽

문제

02-1 다음 물음에 답하시오.

(1) 함수 $f(x)=-4x^3+2x^2-1$에 대하여 $f'(1)$의 값을 구하시오.

(2) 함수 $f(x)=(x+1)(x^2-3x+4)$에 대하여 $f'(2)$의 값을 구하시오.

02-2 함수 $f(x)=ax^2+bx-1$에 대하여 $f(2)=-1$, $f'(-1)=4$일 때, 상수 a, b에 대하여 $a-b$의 값을 구하시오.

02-3 미분가능한 두 함수 $f(x)$, $g(x)$에 대하여 $g(x)=(x^3+2x)f(x)$이고 $f(1)=-1$, $f'(1)=2$일 때, $g'(1)$의 값을 구하시오.

접선의 기울기와 미분법

유형편 **29쪽**

필.수.예.제
03

다음 물음에 답하시오.

(1) 곡선 $y=2x^2-3x+1$ 위의 점 $(1, 0)$에서의 접선의 기울기를 구하시오.

(2) 곡선 $y=-x^2+ax+b$ 위의 점 $(2, -3)$에서의 접선의 기울기가 6일 때, 상수 a, b에 대하여 $a+b$의 값을 구하시오.

곡선 $y=f(x)$ 위의 점 (a, b)에서의 접선의 기울기가 m이면
➡ $f(a)=b$, $f'(a)=m$

풀이

(1) $f(x)=2x^2-3x+1$이라 하고 $f(x)$를 x에 대하여 미분하면	$f'(x)=4x-3$
점 $(1, 0)$에서의 접선의 기울기는	$f'(1)=4-3=\mathbf{1}$
(2) $f(x)=-x^2+ax+b$라 하고 $f(x)$를 x에 대하여 미분하면	$f'(x)=-2x+a$
점 $(2, -3)$에서의 접선의 기울기가 6이므로 $f'(2)=6$에서	$-4+a=6$ $\therefore a=10$
점 $(2, -3)$은 곡선 $y=-x^2+10x+b$ 위의 점이므로	$-3=-4+20+b$ $\therefore b=-19$
따라서 구하는 값은	$a+b=10+(-19)=\mathbf{-9}$

정답과 해설 29쪽

문제

03-1 곡선 $y=-3x^2-2x-1$ 위의 점 $(-2, -9)$에서의 접선의 기울기를 구하시오.

03-2 곡선 $y=x^2+ax+b$ 위의 점 $(-1, 4)$에서의 접선의 기울기가 5일 때, 상수 a, b에 대하여 ab의 값을 구하시오.

03-3 곡선 $y=(x-a)(x-b)(x-c)$ 위의 점 $(2, 3)$에서의 접선의 기울기가 2일 때, 상수 a, b, c에 대하여 $\dfrac{1}{2-a}+\dfrac{1}{2-b}+\dfrac{1}{2-c}$의 값을 구하시오.

미분계수와 극한값

필.수.예.제 04

다음 극한값을 구하시오.

(1) $f(x)=x^3+x$일 때, $\displaystyle\lim_{h\to 0}\frac{f(2+h)-f(2-h)}{h}$ (2) $\displaystyle\lim_{x\to 1}\frac{x^9+x^2-2}{x-1}$

공략 Point

(1) 극한값을 미분계수 $f'(a)$를 사용하여 나타내고, 주어진 함수에서 $f'(a)$의 값을 구하여 대입한다.

(2) $\dfrac{0}{0}$ 꼴의 극한에서 식을 간단히 할 수 없는 경우에는 식의 일부를 $f(x)$로 놓고
$$\lim_{x\to a}\frac{f(x)-f(a)}{x-a}=f'(a)$$
임을 이용한다.

풀이

(1) 미분계수의 정의를 이용할 수 있도록 식을 변형하면	$\displaystyle\lim_{h\to 0}\frac{f(2+h)-f(2-h)}{h}$ $=\displaystyle\lim_{h\to 0}\frac{f(2+h)-f(2)+f(2)-f(2-h)}{h}$ $=\displaystyle\lim_{h\to 0}\frac{f(2+h)-f(2)}{h}-\lim_{h\to 0}\frac{f(2-h)-f(2)}{-h}\times(-1)$ $=f'(2)+f'(2)=2f'(2)$
함수 $f(x)=x^3+x$를 x에 대하여 미분하면	$f'(x)=3x^2+1$
따라서 구하는 값은	$2f'(2)=2(12+1)=\mathbf{26}$
(2) $f(x)=x^9+x^2$이라 하면 $f(1)=2$이므로	$\displaystyle\lim_{x\to 1}\frac{x^9+x^2-2}{x-1}=\lim_{x\to 1}\frac{f(x)-f(1)}{x-1}=f'(1)$
함수 $f(x)$를 x에 대하여 미분하면	$f'(x)=9x^8+2x$
따라서 구하는 값은	$f'(1)=9+2=\mathbf{11}$

정답과 해설 29쪽

문제

04-1 다음 극한값을 구하시오.

(1) $f(x)=x^3+2x-1$일 때, $\displaystyle\lim_{x\to 1}\frac{f(x^2)-2}{x-1}$ (2) $\displaystyle\lim_{x\to 1}\frac{x^{10}+x^9+x^8+x^7+x^6-5}{x-1}$

04-2 두 함수 $f(x)=-x^2+2x+3$, $g(x)=2x^3+x^2+x-1$에 대하여 $\displaystyle\lim_{x\to 1}\frac{f(x)g(x)-f(1)g(1)}{x-1}$의 값을 구하시오.

04-3 함수 $f(x)=x^4+ax^2+b$에 대하여 $\displaystyle\lim_{x\to 1}\frac{f(x)}{x-1}=2$일 때, 상수 a, b에 대하여 $a-b$의 값을 구하시오.

미분가능할 조건

필.수.예.제 05

함수 $f(x)=\begin{cases} ax^2+bx & (x\geq1) \\ x^3 & (x<1) \end{cases}$ 이 $x=1$에서 미분가능할 때, 상수 a, b의 값을 구하시오.

공략 Point

두 다항함수 $g(x)$, $h(x)$에 대하여 함수
$f(x)=\begin{cases} g(x) & (x\geq a) \\ h(x) & (x<a) \end{cases}$ 가
$x=a$에서 미분가능하면
(i) $x=a$에서 연속
➡ $\lim\limits_{x\to a-} f(x)=f(a)$
➡ $g(a)=h(a)$
(ii) 미분계수 $f'(a)$가 존재
➡ $\lim\limits_{h\to 0+}\dfrac{f(a+h)-f(a)}{h}$
$=\lim\limits_{h\to 0-}\dfrac{f(a+h)-f(a)}{h}$
➡ $g'(a)=h'(a)$

풀이

함수 $f(x)$가 $x=1$에서 미분가능하면 $x=1$에서 연속이고 미분계수 $f'(1)$이 존재한다.

(i) $x=1$에서 연속이므로	$\lim\limits_{x\to 1-} f(x)=f(1)$ ∴ $a+b=1$ ⋯⋯ ㉠
(ii) 미분계수 $f'(1)$이 존재하므로	$\lim\limits_{h\to 0+}\dfrac{f(1+h)-f(1)}{h}$ $=\lim\limits_{h\to 0+}\dfrac{\{a(1+h)^2+b(1+h)\}-(a+b)}{h}$ $=\lim\limits_{h\to 0+}\dfrac{ah^2+(2a+b)h}{h}$ $=\lim\limits_{h\to 0+}(ah+2a+b)=2a+b$ $\lim\limits_{h\to 0-}\dfrac{f(1+h)-f(1)}{h}=\lim\limits_{h\to 0-}\dfrac{(1+h)^3-(a+b)}{h}$ $=\lim\limits_{h\to 0-}\dfrac{h^3+3h^2+3h}{h}$ $(\because ㉠)$ $=\lim\limits_{h\to 0-}(h^2+3h+3)=3$ ∴ $2a+b=3$ ⋯⋯ ㉡
㉠, ㉡을 연립하여 풀면	$a=2$, $b=-1$

다른 풀이

$g(x)=ax^2+bx$, $h(x)=x^3$이라 하면	$g'(x)=2ax+b$, $h'(x)=3x^2$
(i) $x=1$에서 연속이므로	$g(1)=h(1)$ ∴ $a+b=1$ ⋯⋯ ㉠
(ii) $x=1$에서의 미분계수가 존재하므로	$g'(1)=h'(1)$ ∴ $2a+b=3$ ⋯⋯ ㉡
㉠, ㉡을 연립하여 풀면	$a=2$, $b=-1$

정답과 해설 30쪽

문제

05-**1** 함수 $f(x)=\begin{cases} x^3+ax^2 & (x\geq1) \\ bx+1 & (x<1) \end{cases}$ 이 $x=1$에서 미분가능할 때, 상수 a, b에 대하여 ab의 값을 구하시오.

05-**2** 함수 $f(x)=\begin{cases} x^2-3x & (x\geq a) \\ 3x+b & (x<a) \end{cases}$ 가 $x=a$에서 미분가능할 때, $f(2)$의 값을 구하시오.

(단, a, b는 상수)

미분법과 다항식의 나눗셈

유형편 30쪽

필.수.예.제 06

다음 물음에 답하시오.

(1) 다항식 x^6+ax^3+b가 $(x-1)^2$으로 나누어떨어질 때, 상수 a, b에 대하여 $a-b$의 값을 구하시오.

(2) 다항식 $x^{10}+3x^5+1$을 $(x+1)^2$으로 나누었을 때의 나머지를 $R(x)$라 할 때, $R(1)$의 값을 구하시오.

공략 Point

다항식 $f(x)$를 $(x-a)^2$으로 나누었을 때

(1) 나누어떨어지면
➡ $f(a)=0$, $f'(a)=0$

(2) 나머지를 $R(x)$라 하면
➡ $f(a)=R(a)$, $f'(a)=R'(a)$

풀이

(1) 다항식 x^6+ax^3+b를 $(x-1)^2$으로 나누었을 때의 몫을 $Q(x)$라 하면 나머지가 0이므로	$x^6+ax^3+b=(x-1)^2Q(x)$ ······ ㉠
양변에 $x=1$을 대입하면	$1+a+b=0$ ∴ $a+b=-1$ ······ ㉡
㉠의 양변을 x에 대하여 미분하면	$6x^5+3ax^2=2(x-1)Q(x)+(x-1)^2Q'(x)$
양변에 $x=1$을 대입하면	$6+3a=0$ ∴ $a=-2$
$a=-2$를 ㉡에 대입하면	$-2+b=-1$ ∴ $b=1$
따라서 구하는 값은	$a-b=-2-1=\mathbf{-3}$
(2) 다항식 $x^{10}+3x^5+1$을 $(x+1)^2$으로 나누었을 때의 몫을 $Q(x)$, 나머지 $R(x)=ax+b$ (a, b는 상수)라 하면	$x^{10}+3x^5+1=(x+1)^2Q(x)+ax+b$ ······ ㉠
양변에 $x=-1$을 대입하면	$1-3+1=-a+b$ ∴ $a-b=1$ ······ ㉡
㉠의 양변을 x에 대하여 미분하면	$10x^9+15x^4$ $=2(x+1)Q(x)+(x+1)^2Q'(x)+a$
양변에 $x=-1$을 대입하면	$-10+15=a$ ∴ $a=5$
$a=5$를 ㉡에 대입하면	$5-b=1$ ∴ $b=4$
따라서 $R(x)=5x+4$이므로	$R(1)=5+4=\mathbf{9}$

정답과 해설 30쪽

문제

06-**1** 다항식 $x^{100}+ax+b$가 $(x+1)^2$으로 나누어떨어질 때, 상수 a, b에 대하여 $a+b$의 값을 구하시오.

06-**2** 다항식 x^8-x+3을 $(x-1)^2$으로 나누었을 때의 나머지를 $R(x)$라 할 때, $R(2)$의 값을 구하시오.

06-**3** 다항식 $x^{10}+ax+b$를 $(x-1)^2$으로 나누었을 때의 나머지가 $2x-3$일 때, 상수 a, b에 대하여 $a+2b$의 값을 구하시오.

연습문제

1 미분가능한 함수 $f(x)$가 모든 실수 x, y에 대하여
$$f(x+y)=f(x)+f(y)+3xy$$
를 만족시키고 $f'(0)=-1$일 때, $f'(x)$를 구하시오.

2 함수 $f(x)=(x^2-3x)(-2x+k)$에 대하여 $f'(1)=3$일 때, 상수 k의 값은?

① -3 ② -1 ③ 0
④ 1 ⑤ 3

3 미분가능한 두 함수 $f(x)$, $g(x)$에 대하여
$$g(x)=(3x^2-12x+1)f(x)$$
이고 $g'(2)=11$일 때, $f'(2)$의 값은?

① -2 ② -1 ③ 0
④ 1 ⑤ 2

4 다항함수 $f(x)$가 $f(x)=2x^3-2x^2-xf'(1)$을 만족시킬 때, $f'(-1)$의 값을 구하시오.

5 함수 $f(x)=ax^2+b$가 모든 실수 x에 대하여
$$4f(x)=\{f'(x)\}^2+x^2+4$$
를 만족시킨다. $f(2)$의 값은? (단, a, b는 상수)

① 3 ② 4 ③ 5
④ 6 ⑤ 7

6 최고차항의 계수가 1인 삼차함수 $f(x)$에 대하여
$$f(a)=f(3)=f(5),\ f'(1)=14$$
일 때, 상수 a에 대하여 $f'(a)$의 값을 구하시오.

7 두 일차함수 $f(x)$, $g(x)$에 대하여
$$\{f(x)+g(x)\}'=1,$$
$$\{f(x)g(x)\}'=-4x-2$$
이고 $f(0)=4$, $g(0)=1$일 때, $f(1)+g(2)$의 값은?

① 3 ② 4 ③ 5
④ 6 ⑤ 7

8 곡선 $y=x(x-1)(x-2)$ 위의 점 P에서의 접선의 기울기가 1일 때, 점 P의 모든 x좌표의 합은?

① 2   ② 3   ③ 4

④ 5   ⑤ 6

9 곡선 $y=(x-a)(x-b)(x-c)$ 위의 점 $(0, 1)$에서의 접선의 기울기가 3일 때, 상수 a, b, c에 대하여 $\dfrac{1}{a}+\dfrac{1}{b}+\dfrac{1}{c}$의 값을 구하시오.

10 두 함수 $f(x)=x^2-3x-2$, $g(x)=x^3-5$에 대하여 $\displaystyle\lim_{h\to 0}\dfrac{f(1+h)-g(1-h)}{h}$의 값을 구하시오.

11 $\displaystyle\lim_{x\to 1}\dfrac{x^{100}-x^{99}+x^{98}-1}{x-1}$의 값은?

① 98   ② 99   ③ 100

④ 101   ⑤ 102

12 미분가능한 두 함수 $f(x)$, $g(x)$에 대하여

$$\lim_{x\to 3}\frac{f(x)-2}{x-3}=4,\ \lim_{x\to 3}\frac{g(x)-1}{x-3}=-3$$

일 때, 함수 $f(x)g(x)$의 $x=3$에서의 미분계수를 구하시오.

13 함수 $f(x)=x^4+ax+b$에 대하여

$\displaystyle\lim_{x\to 1}\dfrac{f(x+1)-2}{x^3-1}=-4$일 때, 상수 a, b에 대하여 $a+b$의 값은?

① 24   ② 26   ③ 28

④ 30   ⑤ 32

14 다항함수 $f(x)$에 대하여

$$\lim_{x\to\infty}\frac{f(x)-x^3}{x^2}=7,\ \lim_{x\to 1}\frac{f(x)}{x-1}=18$$

일 때, $f(-1)+f'(-1)$의 값은?

① -14 ② -12 ③ -10

④ -8 ⑤ -6

연습문제

15 함수 $f(x)=\begin{cases} ax+b & (x\geq 0) \\ ax^2-2x+1 & (x<0) \end{cases}$ 이 모든 실수 x 에서 미분가능할 때, 상수 a, b에 대하여 $a+b$의 값은?

① -3　　　② -1　　　③ 1

④ 3　　　⑤ 5

16 다항식 $x^6+x^5+x^2+3$을 $x^2(x-1)$로 나누었을 때의 나머지를 $R(x)$라 할 때, $R(2)$의 값을 구하시오.

실력

17 최고차항의 계수가 1인 삼차함수 $f(x)$가 모든 실수 x에 대하여 $f'(2+x)=f'(2-x)$를 만족시키고 $f(1)=f'(1)=0$일 때, $f(2)$의 값은?

① -4　　　② -3　　　③ -2

④ -1　　　⑤ 0

수능

18 최고차항의 계수가 1이고 $f(1)=0$인 삼차함수 $f(x)$가

$$\lim_{x \to 2}\frac{f(x)}{(x-2)\{f'(x)\}^2}=\frac{1}{4}$$

을 만족시킬 때, $f(3)$의 값은?

① 4　　　② 6　　　③ 8

④ 10　　　⑤ 12

19 다항함수 $f(x)$가 모든 실수 x에 대하여

$$f'(x)\{f'(x)-2\}=16f(x)-16x^2-45$$

를 만족시킬 때, $f(2)$의 값을 구하시오.

20 두 다항식 $f(x)$, $g(x)$가 다음 조건을 모두 만족시킬 때, $f(1)$의 값을 구하시오.

> ㈎ 다항식 $f(x)$를 $(x-1)^2$으로 나누었을 때의 몫은 $g(x)$이다.
> ㈏ 다항식 $g(x)$를 $x-2$로 나누었을 때의 나머지는 5이다.
> ㈐ $\lim_{x \to 2}\dfrac{f(x)-g(x)}{x-2}=3$

Ⅱ

미분

접선의 방정식

1 접선의 기울기

함수 $f(x)$가 $x=a$에서 미분가능할 때, 곡선 $y=f(x)$ 위의 점 $(a, f(a))$에서의 접선의 기울기는 $x=a$에서의 미분계수 $f'(a)$와 같다.

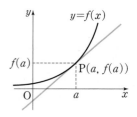

예 곡선 $y=x^2+2x$ 위의 점 $(1, 3)$에서의 접선의 기울기를 구해 보자.

$f(x)=x^2+2x$라 하면 $f'(x)=2x+2$

따라서 점 $(1, 3)$에서의 접선의 기울기는

$f'(1)=2+2=4$

2 접선의 방정식

함수 $f(x)$가 $x=a$에서 미분가능할 때, 곡선 $y=f(x)$ 위의 점 $(a, f(a))$에서의 접선의 방정식은

$$y-f(a)=f'(a)(x-a)$$

참고 · 점 (x_1, y_1)을 지나고 기울기가 m인 직선의 방정식은

$$y-y_1=m(x-x_1)$$

· 기울기가 m인 직선에 평행하고 점 (x_1, y_1)을 지나는 직선의 방정식은

$$y-y_1=m(x-x_1)$$

└→ 서로 평행한 두 직선의 기울기는 서로 같다.

· 기울기가 m인 직선에 수직이고 점 (x_1, y_1)을 지나는 직선의 방정식은

$$y-y_1=-\frac{1}{m}(x-x_1)$$

└→ 서로 수직인 두 직선의 기울기의 곱은 -1이다.

3 접선의 방정식 구하기

(1) 접점이 주어진 접선의 방정식

곡선 $y=f(x)$ 위의 점 $(a, f(a))$에서의 접선의 방정식은 다음과 같은 순서로 구한다.

① 접선의 기울기 $f'(a)$를 구한다.

② 접선의 방정식 $y-f(a)=f'(a)(x-a)$를 구한다.

예 곡선 $y=x^2-3x+1$ 위의 점 $(1, -1)$에서의 접선의 방정식을 구해 보자.

$f(x)=x^2-3x+1$이라 하면 $f'(x)=2x-3$

점 $(1, -1)$에서의 접선의 기울기는

$f'(1)=2-3=-1$

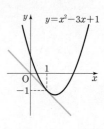

따라서 구하는 접선의 방정식은 기울기가 -1이고 점 $(1, -1)$을 지나는 직선의 방정식과 같으므로

$y-(-1)=-(x-1)$

$\therefore y=-x$

(2) 기울기가 주어진 접선의 방정식

곡선 $y=f(x)$에 접하고 기울기가 m인 접선의 방정식은 다음과 같은 순서로 구한다.
① 접점의 좌표를 $(t, f(t))$로 놓는다.
② $f'(t)=m$임을 이용하여 t의 값과 접점의 좌표 $(t, f(t))$를 구한다.
③ 접선의 방정식 $y-f(t)=m(x-t)$를 구한다.

예 곡선 $y=x^2+3x$에 접하고 기울기가 1인 접선의 방정식을 구해 보자.
$f(x)=x^2+3x$라 하면
$f'(x)=2x+3$
접점의 좌표를 (t, t^2+3t)라 하면 이 점에서의 접선의 기울기가 1이므로
$f'(t)=1$에서
$2t+3=1$ ∴ $t=-1$
즉, 접점의 좌표는 $(-1, -2)$이다.
따라서 구하는 접선의 방정식은 기울기가 1이고 점 $(-1, -2)$를 지나는 직선의 방정식과 같으므로
$y-(-2)=x-(-1)$
∴ $y=x-1$

(3) 곡선 밖의 한 점에서 그은 접선의 방정식

곡선 $y=f(x)$ 밖의 한 점 (x_1, y_1)에서 곡선에 그은 접선의 방정식은 다음과 같은 순서로 구한다.
① 접점의 좌표를 $(t, f(t))$로 놓는다.
② 접선의 기울기가 $f'(t)$이므로 접선의 방정식을
$$y-f(t)=f'(t)(x-t) \cdots\cdots ㉠$$
라 한다.
③ 직선 ㉠이 점 (x_1, y_1)을 지나므로 ㉠에 $x=x_1$, $y=y_1$을 대입하여 t의 값을 구한다.
④ ③에서 구한 t의 값을 ㉠에 대입하여 접선의 방정식을 구한다.

예 점 $(2, 5)$에서 곡선 $y=-x^2+4x$에 그은 접선의 방정식을 구해 보자.
$f(x)=-x^2+4x$라 하면
$f'(x)=-2x+4$
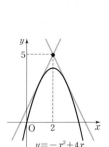
접점의 좌표를 $(t, -t^2+4t)$라 하면 이 점에서의 접선의 기울기는
$f'(t)=-2t+4$
점 $(t, -t^2+4t)$에서의 접선의 방정식은
$y-(-t^2+4t)=(-2t+4)(x-t)$
∴ $y=(-2t+4)x+t^2$ $\cdots\cdots ㉠$
이 직선이 점 $(2, 5)$를 지나므로
$5=(-2t+4)\times 2+t^2$
$t^2-4t+3=0$
$(t-1)(t-3)=0$
∴ $t=1$ 또는 $t=3$
이를 ㉠에 대입하면 구하는 접선의 방정식은
$y=2x+1$ 또는 $y=-2x+9$

접점이 주어진 접선의 방정식

필.수.예.제
01

다음 물음에 답하시오.

(1) 곡선 $y=-x^2+x$ 위의 점 $(2, -2)$에서의 접선의 방정식을 구하시오.

(2) 다항함수 $f(x)$에 대하여 곡선 $y=f(x)$ 위의 점 $(2, 3)$에서의 접선의 기울기가 2일 때, 곡선 $y=(x^2-x)f(x)$ 위의 $x=2$인 점에서의 접선의 방정식을 구하시오.

공략 Point

곡선 $y=f(x)$ 위의 점 $(a, f(a))$에서의 접선의 방정식은
$$y-f(a)=f'(a)(x-a)$$

풀이

(1) $f(x)=-x^2+x$라 하면	$f'(x)=-2x+1$
점 $(2, -2)$에서의 접선의 기울기는	$f'(2)=-4+1=-3$
따라서 구하는 접선의 방정식은	$y+2=-3(x-2)$
	$\therefore y=-3x+4$

(2) 점 $(2, 3)$이 곡선 $y=f(x)$ 위의 점이므로	$f(2)=3$
곡선 $y=f(x)$ 위의 점 $(2, 3)$에서의 접선의 기울기가 2이므로	$f'(2)=2$
$g(x)=(x^2-x)f(x)$라 하면	$g'(x)=(2x-1)f(x)+(x^2-x)f'(x)$
곡선 $y=g(x)$ 위의 $x=2$인 점에서의 접선의 기울기는	$g'(2)=3f(2)+2f'(2)=9+4=13$
곡선 $y=g(x)$ 위의 $x=2$인 점의 y좌표는	$g(2)=2f(2)=6$
따라서 구하는 접선의 방정식은 기울기가 13이고 점 $(2, 6)$을 지나는 직선의 방정식과 같으므로	$y-6=13(x-2)$ $\therefore y=13x-20$

정답과 해설 35쪽

문제

01- 1 다음 곡선 위의 주어진 점에서의 접선의 방정식을 구하시오.

(1) $y=x^2+4x-3$ $(1, 2)$　　　　　　　　(2) $y=-x^3-x+5$ $(-2, 15)$

01- 2 곡선 $y=-2x^3+5x+1$ 위의 점 $(-1, a)$에서의 접선의 방정식이 $y=mx+n$일 때, 상수 a, m, n에 대하여 amn의 값을 구하시오.

01- 3 다항함수 $f(x)$에 대하여 곡선 $y=f(x)$ 위의 점 $(-1, 2)$에서의 접선의 방정식이 $y=3x+5$일 때, 곡선 $y=(x^3+3x-1)f(x)$ 위의 $x=-1$인 점에서의 접선의 방정식을 구하시오.

기울기가 주어진 접선의 방정식

✎ 유형편 34쪽

필.수.예.제 02

다음 물음에 답하시오.

(1) 곡선 $y=x^3-x$에 접하고 직선 $2x-y+1=0$에 평행한 직선의 방정식을 구하시오.

(2) 곡선 $y=x^3-3x^2+5x-1$의 접선 중에서 기울기가 최소인 접선의 방정식을 구하시오.

공략 Point

(1) 접점의 좌표를 $(t, f(t))$로 놓고 $f'(t)$가 접선의 기울기와 같음을 이용하여 t의 값을 구한다.

(2) 곡선 $y=f(x)$에 대하여 도함수 $f'(x)$의 최댓값 또는 최솟값을 구하고, 그때의 x의 값을 이용하여 접점의 좌표를 구한다.

풀이

(1) $f(x)=x^3-x$라 하면 | $f'(x)=3x^2-1$

접점의 좌표를 (t, t^3-t)라 하면 직선 $2x-y+1=0$에 평행한 직선의 기울기는 2이므로 $f'(t)=2$에서 | $3t^2-1=2$, $t^2=1$ $\therefore t=-1$ 또는 $t=1$

따라서 접점의 좌표는 $(-1, 0)$ 또는 $(1, 0)$이므로 구하는 직선의 방정식은 | $y=2(x+1)$ 또는 $y=2(x-1)$ $\therefore$ **$y=2x+2$ 또는 $y=2x-2$**

(2) $f(x)=x^3-3x^2+5x-1$이라 하면 | $f'(x)=3x^2-6x+5=3(x-1)^2+2$

즉, 접선의 기울기는 $x=1$일 때 최솟값이 2이고 접점의 좌표는 $(1, 2)$이므로 구하는 접선의 방정식은 | $y-2=2(x-1)$ $\therefore$ **$y=2x$**

정답과 해설 35쪽

문제

02-1

다음 물음에 답하시오.

(1) 곡선 $y=x^3-5x+3$에 접하고 기울기가 7인 접선의 방정식을 구하시오.

(2) 곡선 $y=x^2-4x+2$에 접하고 직선 $x+4y-4=0$에 수직인 직선의 방정식을 구하시오.

02-2

직선 $y=5x+k$가 곡선 $y=-x^3+5x+6$에 접할 때, 상수 k의 값을 구하시오.

02-3

곡선 $y=-x^2+2x+5$ 위의 두 점 $(0, 5)$, $(4, -3)$을 지나는 직선과 평행하고 이 곡선에 접하는 직선의 방정식을 구하시오.

02-4

곡선 $y=-x^3+6x^2+4$의 접선 중에서 기울기가 최대인 접선의 방정식을 구하시오.

곡선 밖의 한 점에서 그은 접선의 방정식

유형편 35쪽

필.수.예.제
03

점 $(1, -1)$에서 곡선 $y=x^2-x$에 그은 접선의 방정식을 구하시오.

공략 Point

접점의 좌표를 $(t, f(t))$로 놓고 접선의 방정식

$$y-f(t)=f'(t)(x-t)$$

에 주어진 점의 좌표를 대입하여 t의 값을 구한다.

풀이

$f(x)=x^2-x$라 하면	$f'(x)=2x-1$
접점의 좌표를 (t, t^2-t)라 하면 이 점에서의 접선의 기울기는	$f'(t)=2t-1$
점 (t, t^2-t)에서의 접선의 방정식은	$y-(t^2-t)=(2t-1)(x-t)$ $\therefore y=(2t-1)x-t^2$ ······ ㉠
이 직선이 점 $(1, -1)$을 지나므로	$-1=2t-1-t^2$ $t^2-2t=0, t(t-2)=0$ $\therefore t=0$ 또는 $t=2$
따라서 t의 값을 ㉠에 대입하면 구하는 접선의 방정식은	$y=-x$ 또는 $y=3x-4$

정답과 해설 36쪽

문제

03-1 다음 주어진 점에서 곡선에 그은 접선의 방정식을 구하시오.

(1) $y=-x^2+4x-2$ $(2, 3)$

(2) $y=x^3+4$ $(0, 2)$

03-2 점 $(1, 3)$에서 곡선 $y=x^3-2x$에 그은 접선이 점 $(k, 6)$을 지날 때, k의 값을 구하시오.

03-3 원점에서 곡선 $y=x^4+12$에 그은 두 접선의 접점을 각각 A, B라 할 때, 선분 AB의 길이를 구하시오.

두 곡선에 공통인 접선

✏️ 유형편 35쪽

필.수.예.제 04

두 곡선 $y=-2x^2+2$, $y=x^3+ax+b$가 점 $(-1, 0)$에서 공통인 접선을 가질 때, 상수 a, b에 대하여 ab의 값을 구하시오.

공략 Point

두 곡선 $y=f(x)$, $y=g(x)$가 점 (a, b)에서 공통인 접선을 가지면
(i) $f(a)=g(a)=b$
(ii) $f'(a)=g'(a)$

풀이

$f(x)=-2x^2+2$, $g(x)=x^3+ax+b$라 하면	$f'(x)=-4x$, $g'(x)=3x^2+a$
곡선 $y=g(x)$가 점 $(-1, 0)$을 지나므로 $g(-1)=0$에서	$-1-a+b=0$ ····· ㉠
점 $(-1, 0)$에서의 두 곡선의 접선의 기울기가 같으므로 $f'(-1)=g'(-1)$에서	$4=3+a$ ∴ $a=1$
$a=1$을 ㉠에 대입하면	$-1-1+b=0$ ∴ $b=2$
따라서 구하는 값은	$ab=1\times2=\mathbf{2}$

정답과 해설 36쪽

문제

04-1 두 곡선 $y=-x^3+ax+1$, $y=bx^2+2$가 $x=1$인 점에서 공통인 접선을 가질 때, 상수 a, b에 대하여 ab의 값을 구하시오.

04-2 두 곡선 $y=x^3+ax$, $y=bx^2+cx+4$가 점 $(-1, 6)$에서 공통인 접선을 가질 때, 상수 a, b, c에 대하여 $a+b+c$의 값을 구하시오.

04-3 두 곡선 $y=x^3-4x+2$, $y=-2x^2-5x+2$가 한 점에서 공통인 접선 $y=mx+n$을 가질 때, 상수 m, n에 대하여 $m+n$의 값을 구하시오.

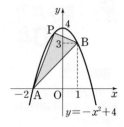 곡선 위의 점과 직선 사이의 거리

유형편 36쪽

필.수.예.제 05

오른쪽 그림과 같이 곡선 $y=-x^2+4$ 위의 두 점 A$(-2, 0)$, B$(1, 3)$에 대하여 곡선 위의 점 P가 두 점 A, B 사이를 움직일 때, 삼각형 PAB의 넓이의 최댓값을 구하시오.

공략 Point

곡선 $y=f(x)$ 위의 서로 다른 두 점 A$(a, f(a))$, B$(b, f(b))$를 지나는 직선과 곡선 위의 점 C$(c, f(c))$ $(a<c<b)$ 사이의 거리의 최댓값은 직선 AB와 기울기가 같은 접선과 직선 AB 사이의 거리와 같다.

풀이

삼각형 PAB에서 밑변을 $\overline{AB}$로 생각하면 높이는 점 P와 직선 AB 사이의 거리와 같으므로 곡선에 접하고 직선 AB에 평행한 접선의 접점이 P일 때 삼각형 PAB의 넓이가 최대이다.	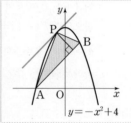
$f(x)=-x^2+4$라 하면	$f'(x)=-2x$
직선 AB의 기울기는 $\dfrac{3-0}{1-(-2)}=1$이므로 직선 AB의 방정식은	$y=x+2$ $\therefore x-y+2=0$
기울기가 1인 접선의 접점의 좌표를 $(t, -t^2+4)$라 하면 $f'(t)=1$에서	$-2t=1$ $\therefore t=-\dfrac{1}{2}$
즉, 삼각형 PAB의 넓이가 최대일 때의 점 P의 좌표는	$\left(-\dfrac{1}{2}, \dfrac{15}{4}\right)$
점 $\left(-\dfrac{1}{2}, \dfrac{15}{4}\right)$와 직선 $x-y+2=0$ 사이의 거리는	$\dfrac{\left|-\dfrac{1}{2}-\dfrac{15}{4}+2\right|}{\sqrt{1^2+(-1)^2}}=\dfrac{9\sqrt{2}}{8}$
변 AB의 길이는	$AB=\sqrt{(1+2)^2+3^2}=3\sqrt{2}$
따라서 삼각형 PAB의 넓이의 최댓값은	$\dfrac{1}{2}\times3\sqrt{2}\times\dfrac{9\sqrt{2}}{8}=\dfrac{\mathbf{27}}{\mathbf{8}}$

정답과 해설 37쪽

문제

05-1
오른쪽 그림과 같이 곡선 $y=-\dfrac{1}{2}x^2+2$ 위의 두 점 A$(0, 2)$, B$(2, 0)$에 대하여 곡선 위의 점 P가 두 점 A, B 사이를 움직일 때, 삼각형 PAB의 넓이의 최댓값을 구하시오.

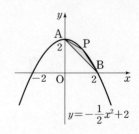

2 평균값 정리

1 롤의 정리

함수 $f(x)$가 닫힌구간 $[a, b]$에서 연속이고 열린구간
(a, b)에서 미분가능할 때, $f(a)=f(b)$이면
$$f'(c)=0$$
인 c가 열린구간 (a, b)에 적어도 하나 존재한다.

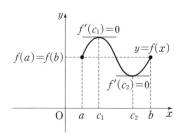

이를 **롤의 정리**라 한다.

롤의 정리는 열린구간 (a, b)에서 곡선 $y=f(x)$의 접선 중

x축과 평행한 접선이 적어도 하나 존재함을 의미한다.

⑩ 함수 $f(x)=x^2+1$에 대하여 닫힌구간 $[-1, 1]$에서 롤의 정리를 만족시키는 상수 c의 값을 구해 보자.

함수 $f(x)$는 닫힌구간 $[-1, 1]$에서 연속이고 열린구간 $(-1, 1)$에서 미분가능
하며 $f(-1)=f(1)=2$이므로 롤의 정리에 의하여 $f'(c)=0$인 c가 열린구간
$(-1, 1)$에 적어도 하나 존재한다.

이때 $f'(x)=2x$이므로
$$2c=0 \qquad \therefore c=0$$

주의 함수 $f(x)$가 열린구간 (a, b)에서 미분가능하지 않으면 롤의 정리가 성립하지 않는 경우가 있다.

예를 들어 함수 $f(x)=|x|$는 닫힌구간 $[-1, 1]$에서 연속이고 $f(-1)=f(1)$이지만

$x=0$에서 미분가능하지 않으므로 $f'(c)=0$인 c가 -1과 1 사이에 존재하지 않는다.

2 평균값 정리

함수 $f(x)$가 닫힌구간 $[a, b]$에서 연속이고 열린구간
(a, b)에서 미분가능하면
$$\frac{f(b)-f(a)}{b-a}=f'(c)$$
인 c가 열린구간 (a, b)에 적어도 하나 존재한다.

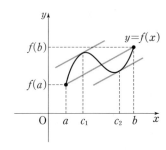

이를 **평균값 정리**라 한다.

평균값 정리는 열린구간 (a, b)에서 곡선 $y=f(x)$의 접선 중

두 점 $(a, f(a))$, $(b, f(b))$를 지나는 직선과 평행한 접선이 적어도 하나 존재함을 의미한다.

⑩ 함수 $f(x)=x^2-3x$에 대하여 닫힌구간 $[0, 2]$에서 평균값 정리를 만족시키는 상수 c의 값을 구해
보자.

함수 $f(x)$는 닫힌구간 $[0, 2]$에서 연속이고 열린구간 $(0, 2)$에서 미분가능하

므로 평균값 정리에 의하여 $\dfrac{f(2)-f(0)}{2-0}=f'(c)$인 c가 열린구간 $(0, 2)$에 적

어도 하나 존재한다.

이때 $f'(x)=2x-3$이므로
$$\frac{-2-0}{2-0}=2c-3 \qquad \therefore c=1$$

참고 평균값 정리에서 $f(a)=f(b)$인 경우가 롤의 정리이다.

롤의 정리

최대·최소 정리에 의하여 함수 $f(x)$가 닫힌구간 $[a, b]$에서 연속이면 함수 $f(x)$는 이 구간에서 반드시
최댓값과 최솟값을 갖는다. 이를 이용하여 롤의 정리를 증명해 보자.

함수 $f(x)$가 닫힌구간 $[a, b]$에서 연속이고 열린구간 (a, b)에서 미분가능할 때, $f(a)=f(b)$라 하자.

(1) $f(x)$가 상수함수인 경우

　$f'(x)=0$이므로 열린구간 (a, b)에 속하는 모든 c에 대하여
　$f'(c)=0$이다.

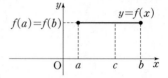

(2) $f(x)$가 상수함수가 아닌 경우

　$f(a)=f(b)$이므로 함수 $f(x)$가 최댓값 또는 최솟값을 갖는 어떤
　$x=c$가 열린구간 (a, b)에 존재한다.
　(ⅰ) $x=c$에서 최댓값 $f(c)$를 가질 때
　　$a<c+h<b$인 임의의 h에 대하여 $f(c+h)-f(c)\leq0$이므로

$$\lim_{h\to0+}\frac{f(c+h)-f(c)}{h}\leq0$$

$$\lim_{h\to0-}\frac{f(c+h)-f(c)}{h}\geq0$$

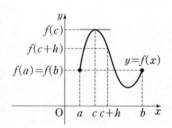

　　함수 $f(x)$는 $x=c$에서 미분가능하므로 우극한과 좌극한이 같아야 한다. 즉,

$$0\leq\lim_{h\to0-}\frac{f(c+h)-f(c)}{h}=\lim_{h\to0+}\frac{f(c+h)-f(c)}{h}\leq0$$

$$\therefore f'(c)=\lim_{h\to0}\frac{f(c+h)-f(c)}{h}=0$$

　(ⅱ) $x=c$에서 최솟값 $f(c)$를 가질 때
　　(ⅰ)과 같은 방법으로 $f'(c)=0$이 성립한다.

평균값 정리

함수 $f(x)$가 닫힌구간 $[a, b]$에서 연속이고 열린구간 (a, b)
에서 미분가능할 때, 함수 $y=f(x)$의 그래프 위의 서로 다른
두 점 $(a, f(a))$, $(b, f(b))$를 지나는 직선의 방정식을
$y=g(x)$라 하면

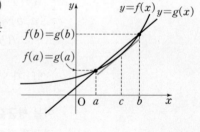

$$g(x)=\frac{f(b)-f(a)}{b-a}(x-a)+f(a)$$

$$\therefore g'(x)=\frac{f(b)-f(a)}{b-a}$$

$h(x)=f(x)-g(x)$라 하면 함수 $h(x)$는 닫힌구간 $[a, b]$에서 연속이고 열린구간 (a, b)에서 미분가
능하며 $h(a)=h(b)=0$이다.
따라서 롤의 정리에 의하여

$$h'(c)=0$$

인 c가 열린구간 (a, b)에 적어도 하나 존재한다.
이때 $h'(x)=f'(x)-g'(x)$이므로 $h'(c)=0$에서

$$f'(c)-g'(c)=0$$

$$f'(c)-\frac{f(b)-f(a)}{b-a}=0 \qquad \therefore \frac{f(b)-f(a)}{b-a}=f'(c)$$

즉, $\dfrac{f(b)-f(a)}{b-a}=f'(c)$인 c가 열린구간 (a, b)에 적어도 하나 존재한다.

롤의 정리

✎ 유형편 36쪽

필.수.예.제
06

다음 함수에 대하여 주어진 구간에서 롤의 정리를 만족시키는 상수 c의 값을 구하시오.

(1) $f(x)=x^2-4x$ $[1, 3]$
(2) $f(x)=x^4-10x^2+4$ $[-1, 1]$

공략 Point

다항함수 $f(x)$에서
$f(a)=f(b)$이면 롤의 정리에 의하여
$$f'(c)=0$$
인 c가 열린구간 (a, b)에 적어도 하나 존재한다.

풀이

(1) 함수 $f(x)=x^2-4x$는 닫힌구간 $[1, 3]$에서 연속이고 열린구간 $(1, 3)$에서 미분가능하며
$f(1)=f(3)=-3$이므로 롤의 정리에 의하여 $f'(c)=0$인 c가 열린구간 $(1, 3)$에 적어도 하나
존재한다.
$f'(x)=2x-4$이므로 $f'(c)=0$에서 $2c-4=0$ $\therefore c=2$

(2) 함수 $f(x)=x^4-10x^2+4$는 닫힌구간 $[-1, 1]$에서 연속이고 열린구간 $(-1, 1)$에서 미분가능
하며 $f(-1)=f(1)=-5$이므로 롤의 정리에 의하여 $f'(c)=0$인 c가 열린구간 $(-1, 1)$에 적어
도 하나 존재한다.
$f'(x)=4x^3-20x$이므로 $f'(c)=0$에서 $4c^3-20c=0$, $4c(c+\sqrt{5})(c-\sqrt{5})=0$
$$\therefore c=0 \ (\because \ -1<c<1)$$

정답과 해설 37쪽

문제

06-1 다음 함수에 대하여 주어진 구간에서 롤의 정리를 만족시키는 상수 c의 값을 구하시오.

(1) $f(x)=2x^2-2x+1$ $[-2, 3]$
(2) $f(x)=x^3+3x^2-4$ $[-2, 1]$

06-2 함수 $f(x)=-x^2+ax$에 대하여 닫힌구간 $[0, 2]$에서 롤의 정리를 만족시키는 상수 c가 존재할 때, 상수 a, c의 값을 구하시오.

06-3 함수 $f(x)=x^4-2x^2+3$에 대하여 닫힌구간 $[-1, a]$에서 롤의 정리를 만족시키는 상수 c의 개수를 구하시오.

평균값 정리

✎ 유형편 37쪽

필.수.예.제 07

다음 함수에 대하여 주어진 구간에서 평균값 정리를 만족시키는 상수 c의 값을 구하시오.

(1) $f(x)=x^2+1$ $[-1, 2]$

(2) $f(x)=-x^3+2x+9$ $[-1, 0]$

공략 Point

다항함수 $f(x)$에서 평균값 정리에 의하여
$$\frac{f(b)-f(a)}{b-a}=f'(c)$$
인 c가 열린구간 (a, b)에 적어도 하나 존재한다.

풀이

(1) 함수 $f(x)=x^2+1$은 닫힌구간 $[-1, 2]$에서 연속이고 열린구간 $(-1, 2)$에서 미분가능하므로 평균값 정리에 의하여 $\dfrac{f(2)-f(-1)}{2-(-1)}=f'(c)$인 c가 열린구간 $(-1, 2)$에 적어도 하나 존재한다.

$f'(x)=2x$이므로 $\dfrac{f(2)-f(-1)}{2-(-1)}=f'(c)$에서 $\dfrac{5-2}{3}=2c$ $\therefore c=\dfrac{1}{2}$

(2) 함수 $f(x)=-x^3+2x+9$는 닫힌구간 $[-1, 0]$에서 연속이고 열린구간 $(-1, 0)$에서 미분가능하므로 평균값 정리에 의하여 $\dfrac{f(0)-f(-1)}{0-(-1)}=f'(c)$인 c가 열린구간 $(-1, 0)$에 적어도 하나 존재한다.

$f'(x)=-3x^2+2$이므로 $\dfrac{f(0)-f(-1)}{0-(-1)}=f'(c)$에서 $\dfrac{9-8}{1}=-3c^2+2,\ c^2=\dfrac{1}{3}$

$\therefore c=-\dfrac{\sqrt{3}}{3}\ (\because -1<c<0)$

정답과 해설 38쪽

문제

07-1 다음 함수에 대하여 주어진 구간에서 평균값 정리를 만족시키는 상수 c의 값을 구하시오.

(1) $f(x)=2x^2+x-3$ $[-2, 1]$

(2) $f(x)=x^3-4x$ $[0, 3]$

07-2 함수 $f(x)=x^2-3x+4$에 대하여 닫힌구간 $[a, 2]$에서 평균값 정리를 만족시키는 상수 c의 값이 $\dfrac{1}{2}$일 때, a의 값을 구하시오. $\left(\text{단, } a<\dfrac{1}{2}\right)$

연습문제

1 곡선 $y=-2x^3+5x-1$ 위의 점 $(-1, -4)$에서의 접선의 방정식이 $y=ax+b$일 때, 상수 a, b에 대하여 ab의 값은?

① -5 ② -2 ③ 2
④ 5 ⑤ 8

2 다항함수 $f(x)$에 대하여 $\lim\limits_{x \to 1} \dfrac{f(x)-1}{x-1}=2$일 때, 곡선 $y=f(x)$ 위의 점 $(1, f(1))$에서의 접선의 방정식은 $y=ax+b$이다. 이때 상수 a, b에 대하여 $a-b$의 값을 구하시오.

3 곡선 $y=-x^3+2x^2-1$ 위의 점 $(2, -1)$에서의 접선이 이 곡선과 다시 만나는 점을 A라 할 때, 점 A에서의 접선의 방정식을 구하시오.

4 두 함수
$$f(x)=x^2+x-1,\ g(x)=-x^3-x^2+3$$
에 대하여 곡선 $y=f(x)g(x)$ 위의 $x=1$인 점에서의 접선이 점 $(k, 9)$를 지날 때, k의 값을 구하시오.

5 곡선 $y=x^2+ax+b$ 위의 점 $(2, 4)$에서의 접선의 방정식이 $y=7x+c$일 때, 상수 a, b, c에 대하여 $a+b+c$의 값을 구하시오.

6 곡선 $y=-2x^2+4x+3$에 접하고 직선 $y=\dfrac{1}{4}x-3$에 수직인 직선의 y절편은?

① -1 ② 3 ③ 7
④ 11 ⑤ 15

7 곡선 $y=x^3-3x^2+2$의 접선 중에서 기울기가 최소인 접선의 방정식을 $y=mx+n$이라 할 때, 상수 m, n에 대하여 $m+2n$의 값을 구하시오.

8 곡선 $y=-x^3+3$에 접하고 직선 $3x+y-15=0$에 평행한 두 직선 사이의 거리는?

① $\dfrac{\sqrt{10}}{10}$ ② $\dfrac{\sqrt{10}}{5}$ ③ $\dfrac{2\sqrt{10}}{5}$
④ $\dfrac{4\sqrt{10}}{5}$ ⑤ $\sqrt{10}$

9 점 $(0, -6)$에서 곡선 $y=2x^2-x+2$에 그은 두 접선의 기울기의 곱을 구하시오.

10 점 $P(3, 5)$에서 곡선 $y=-x^2+6x-5$에 그은 두 접선의 접점을 각각 A, B라 할 때, 삼각형 PAB의 넓이는?

① $\dfrac{1}{2}$ ② 1 ③ $\dfrac{3}{2}$

④ 2 ⑤ $\dfrac{5}{2}$

11 두 곡선 $y=-x^3+ax+b$, $y=x^2+2$가 점 $(-1, 3)$에서 공통인 접선을 가질 때, 상수 a, b에 대하여 ab의 값을 구하시오.

12 두 곡선 $y=x^3+ax+4$, $y=-x^2+4x+1$이 한 점에서 접할 때, 상수 a의 값을 구하시오.

13 두 곡선 $y=x^2-3$, $y=ax^2$의 한 교점에서 두 곡선에 그은 접선이 서로 수직일 때, 음수 a의 값을 구하시오.

14 곡선 $y=x^2-2x-3$ 위의 점과 직선 $y=2x-10$ 사이의 거리의 최솟값을 구하시오.

15 함수 $f(x)=x^2+ax-10$에 대하여 닫힌구간 $[-5, 2]$에서 롤의 정리를 만족시키는 상수 c_1이 존재하고, 닫힌구간 $[-3, 1]$에서 평균값 정리를 만족시키는 상수 c_2가 존재할 때, c_1+c_2의 값은?

(단, a는 상수)

① $-\dfrac{5}{2}$ ② -2 ③ $-\dfrac{3}{2}$

④ -1 ⑤ $-\dfrac{1}{2}$

16 다항함수 $y=f(x)$의 그래프가 다음 그림과 같을 때, 닫힌구간 $[-4, 4]$에서 롤의 정리를 만족시키는 상수 c_1의 개수는 m, 닫힌구간 $[-1, 4]$에서 평균값 정리를 만족시키는 상수 c_2의 개수는 n이다. 이때 $m-n$의 값을 구하시오.

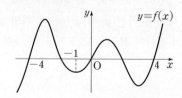

실력

17 곡선 $y=x^3+1$ 위를 움직이는 점 $P(t, t^3+1)$에서의 접선이 y축과 만나는 점을 Q, 점 P를 지나고 접선에 수직인 직선이 y축과 만나는 점을 R라 하자. 삼각형 PQR의 넓이를 $S(t)$라 할 때, $\lim_{t \to 0} S(t)$의 값을 구하시오.

18 곡선 $y=2x^2+k$의 접선 중에서 서로 수직인 두 접선의 교점이 항상 x축 위에 있도록 하는 상수 k의 값은?

① $\dfrac{1}{16}$ ② $\dfrac{1}{8}$ ③ $\dfrac{1}{4}$

④ $\dfrac{1}{2}$ ⑤ 1

19 곡선 $y=x^3-2x+2$ 위의 점 $A(1, 1)$에서의 접선이 이 곡선과 다시 만나는 점을 B라 하고, 곡선 위의 점 P가 두 점 A, B 사이를 움직일 때, 삼각형 ABP의 넓이의 최댓값을 구하시오.

20 오른쪽 그림과 같이 중심이 y축 위에 있고 반지름의 길이가 1인 원이 곡선 $y=x^2$과 서로 다른 두 점에서 접할 때, 두 접점에서의 접선의 기울기의 차를 구하시오.

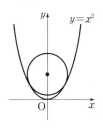

21 실수 전체의 집합에서 미분가능한 함수 $f(x)$가 $\lim_{x \to \infty} f'(x)=2$를 만족시킬 때, 평균값 정리를 이용하여 $\lim_{x \to \infty} \{f(x+3)-f(x-3)\}$의 값을 구하시오.

22 실수 전체의 집합에서 미분가능한 함수 $f(x)$가 다음 조건을 모두 만족시킬 때, $f(1)$의 최댓값과 최솟값의 합은?

> (가) $f(0)=4$
> (나) 모든 실수 x에 대하여 $|f'(x)| \leq 2$이다.

① 0 ② 2 ③ 4

④ 6 ⑤ 8

함수의 증가와 감소

1 함수의 증가와 감소

함수 $f(x)$가 어떤 구간에 속하는 임의의 두 실수 x_1, x_2에 대하여

(1) $x_1 < x_2$일 때,

$$f(x_1) < f(x_2)$$ ◀ x의 값이 커질 때, y의 값도 커지면 증가

이면 $f(x)$는 그 구간에서 **증가**한다고 한다.

(2) $x_1 < x_2$일 때,

$$f(x_1) > f(x_2)$$ ◀ x의 값이 커질 때, y의 값은 작아지면 감소

이면 $f(x)$는 그 구간에서 **감소**한다고 한다.

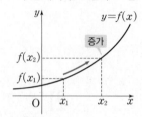
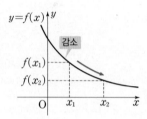

예 함수 $f(x) = x^2$의 증가와 감소를 조사해 보자.

임의의 두 실수 x_1, x_2에 대하여

(1) 구간 $[0, \infty)$에서 $0 \le x_1 < x_2$일 때,

$$f(x_1) - f(x_2) = x_1^2 - x_2^2$$
$$= (x_1 + x_2)(x_1 - x_2) < 0$$

$$\therefore f(x_1) < f(x_2)$$

따라서 함수 $f(x) = x^2$은 구간 $[0, \infty)$에서 증가한다.

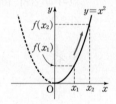

(2) 구간 $(-\infty, 0]$에서 $x_1 < x_2 \le 0$일 때,

$$f(x_1) - f(x_2) = x_1^2 - x_2^2$$
$$= (x_1 + x_2)(x_1 - x_2) > 0$$

$$\therefore f(x_1) > f(x_2)$$

따라서 함수 $f(x) = x^2$은 구간 $(-\infty, 0]$에서 감소한다.

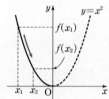

2 함수의 증가와 감소의 판정

함수 $f(x)$가 어떤 열린구간에서 미분가능할 때, 그 구간에 속하는 모든 실수 x에 대하여

(1) $f'(x) > 0$이면 $f(x)$는 그 구간에서 증가한다.

(2) $f'(x) < 0$이면 $f(x)$는 그 구간에서 감소한다.

주의 위의 역은 성립하지 않는다.

예를 들어 함수 $f(x) = x^3$은 구간 $(-\infty, \infty)$에서 증가하지만 $f'(x) = 3x^2$이므로 $f'(0) = 0$이다.

또 함수 $g(x) = -x^3$은 구간 $(-\infty, \infty)$에서 감소하지만 $g'(x) = -3x^2$이므로 $g'(0) = 0$이다.

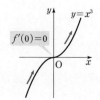
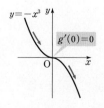

◉ 함수 $f(x)=x^3+3x^2-1$의 증가와 감소를 도함수의 부호를 이용하여 조사해 보자.

$f'(x)=3x^2+6x=3x(x+2)$이므로 $f'(x)=0$인 x의 값은 $x=-2$ 또는 $x=0$

도함수 $f'(x)$의 부호를 조사하여 표로 나타내면 다음과 같다.

x	$\cdots$	-2	$\cdots$	0	$\cdots$
$f'(x)$	$+$	0	$-$	0	$+$
$f(x)$	$\nearrow$	3	$\searrow$	-1	$\nearrow$

◀ 표에서 /는 증가를 나타내고 \는 감소를 나타낸다.

따라서 함수 $f(x)$는 구간 $(-\infty,\ -2]$, $[0,\ \infty)$에서 증가하고, 구간 $[-2,\ 0]$에서 감소한다.

▲ $f'(x)=0$인 x의 값은 증가하는 구간과 감소하는 구간에 모두 포함될 수 있다.

3 함수가 증가 또는 감소하기 위한 조건

함수 $f(x)$가 어떤 열린구간에서 미분가능할 때

(1) 함수 $f(x)$가 그 구간에서 증가하면

　➡ 그 구간에 속하는 모든 실수 x에 대하여 $f'(x)\geq0$

(2) 함수 $f(x)$가 그 구간에서 감소하면

　➡ 그 구간에 속하는 모든 실수 x에 대하여 $f'(x)\leq0$

주의 일반적으로 위의 역은 성립하지 않는다. 그러나 $f(x)$가 상수함수가 아닌 다항함수이면 역이 성립한다.

개념 PLUS

함수의 증가와 감소의 판정

함수 $f(x)$가 닫힌구간 $[a,\ b]$에서 연속이고 열린구간 $(a,\ b)$에서 미분가능하면 평균값 정리에 의하여

$a<x_1<x_2<b$인 임의의 두 실수 x_1, x_2에 대하여 $\dfrac{f(x_2)-f(x_1)}{x_2-x_1}=f'(c)$인 c가 열린구간 $(x_1,\ x_2)$에

적어도 하나 존재한다.

이때 $f'(x)$의 부호에 따라 다음과 같이 두 가지 경우로 나누어 생각할 수 있다.

(i) $a<x<b$인 모든 실수 x에 대하여 $f'(x)>0$일 때

$\dfrac{f(x_2)-f(x_1)}{x_2-x_1}=f'(c)>0$에서 $x_2-x_1>0$이므로

$f(x_2)-f(x_1)>0$　　∴ $f(x_1)<f(x_2)$

따라서 함수 $f(x)$는 이 구간에서 증가한다.

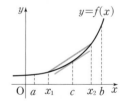

(ii) $a<x<b$인 모든 실수 x에 대하여 $f'(x)<0$일 때

$\dfrac{f(x_2)-f(x_1)}{x_2-x_1}=f'(c)<0$에서 $x_2-x_1>0$이므로

$f(x_2)-f(x_1)<0$　　∴ $f(x_1)>f(x_2)$

따라서 함수 $f(x)$는 이 구간에서 감소한다.

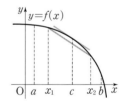

개념 CHECK

정답과 해설 42쪽

1 주어진 구간에서 다음 함수의 증가와 감소를 조사하시오.

(1) $f(x)=x+1$　$(-\infty,\ \infty)$　　　　　(2) $f(x)=\dfrac{1}{x}$　$(0,\ \infty)$

함수의 증가와 감소

필.수.예.제
01

다음 함수의 증가와 감소를 조사하시오.

(1) $f(x)=2x^3-9x^2+12x-3$　　　　　(2) $f(x)=3x^4-8x^3+5$

공략 Point

함수의 증가와 감소는 다음과 같은 순서로 조사한다.
(1) $f'(x)=0$인 x의 값을 구한다.
(2) 구한 x의 값의 좌우에서 $f'(x)$의 부호를 조사한다.
(3) $f'(x)$의 부호가 $+$이면 증가, $-$이면 감소이다.
이때 $f'(x)=0$인 x의 값은 증가하는 구간과 감소하는 구간에 모두 포함될 수 있다.

풀이

(1) $f(x)=2x^3-9x^2+12x-3$에서 $\qquad$ $f'(x)=6x^2-18x+12=6(x-1)(x-2)$

$f'(x)=0$인 x의 값은 $\qquad$ $x=1$ 또는 $x=2$

함수 $f(x)$의 증가와 감소를 표로 나타내면 오른쪽과 같다.

x	$\cdots$	1	$\cdots$	2	$\cdots$
$f'(x)$	$+$	0	$-$	0	$+$
$f(x)$	↗	2	↘	1	↗

따라서 함수 $f(x)$의 증가와 감소를 조사하면

구간 $(-\infty, 1]$, $[2, \infty)$에서 증가하고, 구간 $[1, 2]$에서 감소한다.

(2) $f(x)=3x^4-8x^3+5$에서 $\qquad$ $f'(x)=12x^3-24x^2=12x^2(x-2)$

$f'(x)=0$인 x의 값은 $\qquad$ $x=0$ 또는 $x=2$

함수 $f(x)$의 증가와 감소를 표로 나타내면 오른쪽과 같다.

x	$\cdots$	0	$\cdots$	2	$\cdots$
$f'(x)$	$-$	0	$-$	0	$+$
$f(x)$	↘	5	↘	-11	↗

따라서 함수 $f(x)$의 증가와 감소를 조사하면

구간 $[2, \infty)$에서 증가하고, 구간 $(-\infty, 2]$에서 감소한다.

정답과 해설 42쪽

문제

01- 1
다음 함수의 증가와 감소를 조사하시오.

(1) $f(x)=x^3-3x+1$　　　　　(2) $f(x)=-x^4+2x^2+4$

01- 2
함수 $f(x)=-x^3+6x^2-9x+7$이 증가하는 구간이 $[\alpha, \beta]$일 때, $\alpha-\beta$의 값을 구하시오.

함수가 증가 또는 감소하기 위한 조건

필.수.예.제 02

함수가 증가 또는 감소하기 위한 조건

필.수.예.제 02

함수 $f(x)=x^3-x^2+ax-4$에 대하여 다음을 구하시오.

(1) 함수 $f(x)$의 역함수가 존재하도록 하는 상수 a의 값의 범위

(2) 함수 $f(x)$가 구간 $[-1, 1]$에서 감소하도록 하는 상수 a의 값의 범위

공략 Point

(1) 함수의 역함수가 존재하려면 일대일대응이어야 하므로 실수 전체의 집합에서 증가하거나 실수 전체의 집합에서 감소해야 한다.
(2) 함수 $f(x)$가 주어진 구간에서 증가 또는 감소할 조건은 도함수 $y=f'(x)$의 그래프의 개형을 그려 주어진 구간에서 $f'(x) \geq 0$ 또는 $f'(x) \leq 0$을 만족시켜야 한다.

풀이

$f(x)=x^3-x^2+ax-4$에서 $\qquad f'(x)=3x^2-2x+a$

(1) 함수 $f(x)$의 최고차항의 계수가 양수이므로 역함수가 존재하려면 실수 전체의 집합에서 증가해야 한다. 즉, 모든 실수 x에서 $f'(x) \geq 0$

이차방정식 $f'(x)=0$의 판별식을 D라 하면 $D \leq 0$이어야 하므로

$\dfrac{D}{4}=1-3a \leq 0 \qquad \therefore a \geq \dfrac{1}{3}$

(2) 함수 $f(x)$가 구간 $[-1, 1]$에서 감소하려면 $-1 \leq x \leq 1$에서 $f'(x) \leq 0$이어야 하므로

$f'(-1) \leq 0$
$f'(1) \leq 0$

$f'(-1) \leq 0$에서 $\quad 3+2+a \leq 0 \quad \therefore a \leq -5 \quad \cdots\cdots \text{㉠}$

$f'(1) \leq 0$에서 $\quad 3-2+a \leq 0 \quad \therefore a \leq -1 \quad \cdots\cdots \text{㉡}$

㉠, ㉡에서 $\quad a \leq -5$

정답과 해설 42쪽

문제

02-1 함수 $f(x)=-x^3+ax^2-6x+5$가 임의의 두 실수 x_1, x_2에 대하여 $x_1<x_2$이면 $f(x_1)>f(x_2)$를 만족시킬 때, 상수 a의 값의 범위를 구하시오.

02-2 함수 $f(x)=2x^3+3x^2+ax+3$의 역함수가 존재하도록 하는 상수 a의 값의 범위를 구하시오.

02-3 함수 $f(x)=-x^3+2ax^2-3ax+5$가 구간 $[1, 2]$에서 증가하도록 하는 상수 a의 값의 범위를 구하시오.

2 # 함수의 극대와 극소

1 함수의 극대와 극소

(1) 함수 $f(x)$에서 $x=a$를 포함하는 어떤 열린구간에 속하는 모든 x에 대하여 $f(x) \leq f(a)$이면 함수 $f(x)$는 $x=a$에서 **극대**라 하고, $f(a)$를 **극댓값**이라 한다.

(2) 함수 $f(x)$에서 $x=b$를 포함하는 어떤 열린구간에 속하는 모든 x에 대하여 $f(x) \geq f(b)$이면 함수 $f(x)$는 $x=b$에서 **극소**라 하고, $f(b)$를 **극솟값**이라 한다.

(3) 극댓값과 극솟값을 통틀어 **극값**이라 한다.

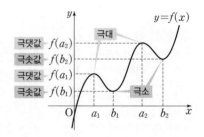

예 삼차함수 $y=f(x)$의 그래프가 오른쪽 그림과 같을 때
  (1) 함수 $f(x)$는 $x=1$에서 극대이고, 극댓값은 2이다.
  (2) 함수 $f(x)$는 $x=3$에서 극소이고, 극솟값은 -1이다.

참고 • 극댓값이 극솟값보다 반드시 큰 것은 아니다.
  • 한 함수에서 여러 개의 극값이 존재할 수 있다.
  • 상수함수는 모든 실수 x에서 극댓값과 극솟값을 갖는다.

2 극값과 미분계수

미분가능한 함수 $f(x)$가 $x=a$에서 극값을 가지면
  $f'(a)=0$

주의 일반적으로 위의 역은 성립하지 않는다.
  예를 들어 함수 $f(x)=x^3$에서 $f'(x)=3x^2$이므로 $f'(0)=0$이지만 $x=0$에서 극값을 갖지 않는다.

참고 함수 $f(x)$가 $x=a$에서 극값을 갖지만 $f'(a)$가 존재하지 않을 수도 있다.
  예를 들어 함수 $f(x)=|x|$는 오른쪽 그림과 같이 $x=0$에서 극소이고, 극솟값은 $f(0)=0$이지만 $x=0$에서 미분가능하지 않다. 즉, $f'(0)$이 존재하지 않는다.

3 극대와 극소의 판정

함수 $f(x)$가 $x=a$, $x=b$에서 연속이고 증가, 감소를 판정할 수 있을 때, $x=a$의 좌우에서 $f(x)$가 증가하다가 감소하면 $f(x)$는 $x=a$에서 극대이고, $x=b$의 좌우에서 $f(x)$가 감소하다가 증가하면 $f(x)$는 $x=b$에서 극소이다.

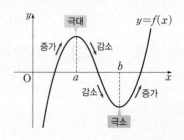

따라서 다음과 같이 도함수의 부호를 조사하여 함수의 극대와 극소를 판정할 수 있다.

미분가능한 함수 $f(x)$에 대하여 $f'(a)=0$일 때

(1) $x=a$의 좌우에서 $f'(x)$의 부호가 양($+$)에서
음($-$)으로 바뀌면 $f(x)$는 $x=a$에서 극대이다.

(2) $x=a$의 좌우에서 $f'(x)$의 부호가 음($-$)에서
양($+$)으로 바뀌면 $f(x)$는 $x=a$에서 극소이다.

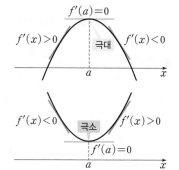

예 함수 $f(x)=x^3-6x^2+9x-2$의 극댓값과 극솟값을 구해 보자.
$f'(x)=3x^2-12x+9=3(x-1)(x-3)$이므로 $f'(x)=0$인 x의 값은 $x=1$ 또는 $x=3$
도함수 $f'(x)$의 부호를 조사하여 함수 $f(x)$의
증가와 감소를 표로 나타내면 오른쪽과 같다.
따라서 함수 $f(x)$는 $x=1$에서 극댓값 2,
$x=3$에서 극솟값 -2를 갖는다.

x	$\cdots$	1	$\cdots$	3	$\cdots$
$f'(x)$		$+$	0	$-$	0	$+$
$f(x)$	$\nearrow$	2 극대	$\searrow$	-2 극소	$\nearrow$

개념 PLUS

극값과 미분계수

미분가능한 함수 $f(x)$가 $x=a$에서 극댓값을 가지면 절댓값이 충분히 작은 실수 $h\,(h\neq0)$에 대하여
$f(a+h)\leq f(a)$이므로

$$\lim_{h\to0+}\frac{f(a+h)-f(a)}{h}\leq0,\ \lim_{h\to0-}\frac{f(a+h)-f(a)}{h}\geq0$$

함수 $f(x)$는 $x=a$에서 미분가능하므로

$$0\leq\lim_{h\to0-}\frac{f(a+h)-f(a)}{h}=\lim_{h\to0+}\frac{f(a+h)-f(a)}{h}\leq0$$

$$\therefore\ \lim_{h\to0}\frac{f(a+h)-f(a)}{h}=0$$

따라서 $f'(a)=0$이다.

같은 방법으로 함수 $f(x)$가 $x=a$에서 극솟값을 가질 때에도 $f'(a)=0$임을 보일 수 있다.

개념 CHECK

정답과 해설 43쪽

1 함수 $y=f(x)$의 그래프가 오른쪽 그림과 같을 때, 구간 $[-2,\,2]$
에서 함수 $f(x)$의 극값을 구하시오.

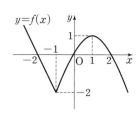

함수의 극대와 극소

✏️ 유형편 **40쪽**

필.수.예.제
03

다음 함수의 극값을 구하시오.

(1) $f(x)=2x^3-3x^2+6$　　　　　　　(2) $f(x)=-x^4+4x^3$

공략 Point

함수의 극값은 다음과 같은 순서로 구한다.
(1) $f'(x)=0$인 x의 값을 구한다.
(2) 구한 x의 값의 좌우에서 $f'(x)$의 부호를 조사한다.
(3) $f'(x)$의 부호가 $+$에서 $-$로 바뀌면 극대, $-$에서 $+$로 바뀌면 극소이다.

풀이

(1) $f(x)=2x^3-3x^2+6$에서

$f'(x)=0$인 x의 값은

함수 $f(x)$의 증가와 감소를 표로 나타내면 오른쪽과 같다.

$f'(x)=6x^2-6x=6x(x-1)$

$x=0$ 또는 $x=1$

x	$\cdots$	0	$\cdots$	1	$\cdots$
$f'(x)$	$+$	0	$-$	0	$+$
$f(x)$	$\nearrow$	6 극대	$\searrow$	5 극소	$\nearrow$

따라서 함수 $f(x)$는 $x=0$에서 극대이고 $x=1$에서 극소이므로

극댓값: 6, 극솟값: 5

(2) $f(x)=-x^4+4x^3$에서

$f'(x)=0$인 x의 값은

함수 $f(x)$의 증가와 감소를 표로 나타내면 오른쪽과 같다.

$f'(x)=-4x^3+12x^2=-4x^2(x-3)$

$x=0$ 또는 $x=3$

x	$\cdots$	0	$\cdots$	3	$\cdots$
$f'(x)$	$+$	0	$+$	0	$-$
$f(x)$	$\nearrow$	0	$\nearrow$	27 극대	$\searrow$

$x=0$의 좌우에서 $f'(x)$의 부호가 모두 양$(+)$이므로 $f(0)$은 극값이 아니다.

따라서 함수 $f(x)$는 $x=3$에서 극대이므로　**극댓값: 27**　◀ 극솟값은 없다.

정답과 해설 43쪽

문제

03-**1**　다음 함수의 극값을 구하시오.

(1) $f(x)=x^3-6x^2-2$　　　　　　　(2) $f(x)=x^4-\dfrac{8}{3}x^3+2x^2+5$

03-**2**　함수 $f(x)=-2x^3+9x^2-12x-1$의 극댓값과 극솟값의 차를 구하시오.

함수의 극대와 극소를 이용하여 미정계수 구하기

필.수.예.제
04

유형편 **40쪽**

함수 $f(x)=x^3+ax^2+bx+3$이 $x=2$에서 극솟값 -1을 가질 때, $f(x)$의 극댓값을 구하시오.
(단, a, b는 상수)

공략 Point

미분가능한 함수 $f(x)$가
$x=a$에서 극값 b를 가지면
➡ $f'(a)=0$, $f(a)=b$

풀이

$f(x)=x^3+ax^2+bx+3$에서	$f'(x)=3x^2+2ax+b$
$x=2$에서 극솟값 -1을 가지므로	$f'(2)=0$, $f(2)=-1$
$f'(2)=0$에서	$12+4a+b=0$ $\therefore 4a+b=-12$ ...... ㉠
$f(2)=-1$에서	$8+4a+2b+3=-1$ $\therefore 2a+b=-6$ ...... ㉡
㉠, ㉡을 연립하여 풀면	$a=-3$, $b=0$
즉, $f(x)=x^3-3x^2+3$이므로	$f'(x)=3x^2-6x=3x(x-2)$
$f'(x)=0$인 x의 값은	$x=0$ 또는 $x=2$

함수 $f(x)$의 증가와 감소를 표로 나타내면 오른쪽과 같다.

x	$\cdots$	0	$\cdots$	2	$\cdots$
$f'(x)$	$+$	0	$-$	0	$+$
$f(x)$	↗	3 극대	↘	-1 극소	↗

따라서 함수 $f(x)$는 $x=0$에서 극대이므로 구하는 극댓값은

3

정답과 해설 43쪽

문제

04-1 함수 $f(x)=-2x^3-6x^2+a$가 $x=b$에서 극솟값 1을 가질 때, 상수 a, b에 대하여 $a+b$의 값을 구하시오.

04-2 함수 $f(x)=x^3+ax^2+bx$가 $x=-1$에서 극댓값 5를 가질 때, $f(x)$의 극솟값을 m이라 하자. 상수 a, b, m에 대하여 $a+b+m$의 값을 구하시오.

04-3 함수 $f(x)=-2x^3+ax^2+bx+c$가 $x=-1$에서 극솟값 -2를 갖고 $x=1$에서 극댓값을 가질 때, $f(x)$의 극댓값을 구하시오. (단, a, b, c는 상수)

도함수의 그래프와 함수의 극값

📎유형편 41쪽

필.수.예.제
05

함수 $f(x)=x^3+ax^2+bx+c$의 도함수 $y=f'(x)$의 그래프가 오른쪽 그림과 같다. 함수 $f(x)$의 극댓값이 6일 때, $f(x)$의 극솟값을 구하시오.

(단, a, b, c는 상수)

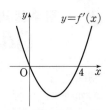

공략 Point

함수 $f(x)$에 대하여 도함수 $y=f'(x)$의 그래프가 x축과 만나는 점의 좌우에서 $f'(x)$의 부호를 조사하여 극대, 극소를 찾는다.

풀이

함수 $y=f'(x)$의 그래프가 x축과 만나는 점의 x좌표는 0, 4이므로 $f'(x)$의 부호를 조사하여 함수 $f(x)$의 증가와 감소를 표로 나타내면 오른쪽과 같다.	

x	$\cdots$	0	$\cdots$	4	$\cdots$
$f'(x)$	$+$	0	$-$	0	$+$
$f(x)$	↗	극대	↘	극소	↗

$f(x)=x^3+ax^2+bx+c$에서	$f'(x)=3x^2+2ax+b$
주어진 그래프에서 $f'(0)=0$, $f'(4)=0$이므로	$b=0$, $48+8a+b=0$ $\therefore a=-6$
함수 $f(x)=x^3-6x^2+c$는 $x=0$에서 극대이고 극댓값이 6이므로 $f(0)=6$에서	$c=6$
따라서 함수 $f(x)=x^3-6x^2+6$은 $x=4$에서 극소이므로 구하는 극솟값은	$f(4)=64-96+6=\mathbf{-26}$

정답과 해설 44쪽

문제

05-1 미분가능한 함수 $f(x)$의 도함수 $y=f'(x)$의 그래프가 오른쪽 그림과 같다. 구간 $[a, e]$에서 함수 $f(x)$가 극대가 되는 x의 값의 개수를 m, 극소가 되는 x의 값의 개수를 n이라 할 때, $m-n$의 값을 구하시오.

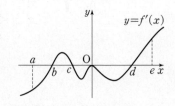

05-2 함수 $f(x)=x^3+ax^2+bx+c$의 도함수 $y=f'(x)$의 그레프가 오른쪽 그림과 같다. 함수 $f(x)$의 극솟값이 -1일 때, $f(x)$의 극댓값을 구하시오.

(단, a, b, c는 상수)

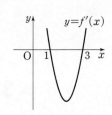

연습문제

1 다음 중 함수 $f(x)=-2x^3+3x^2+12x+3$이 증가하는 구간은?

① $[-2, 1]$ ② $[-2, 2]$ ③ $[-1, 2]$

④ $[-1, 3]$ ⑤ $[0, 3]$

2 함수 $f(x)=x^3-6x^2+ax+7$이 감소하는 x의 값의 범위가 $1\leq x\leq b$일 때, 상수 a, b에 대하여 $a+b$의 값은?

① -20 ② -12 ③ 2

④ 12 ⑤ 20

3 함수 $f(x)=x^3+3x^2+ax$가 임의의 두 실수 x_1, x_2에 대하여 $x_1<x_2$이면 $f(x_1)<f(x_2)$를 만족시킬 때, 상수 a의 값의 범위를 구하시오.

4 함수 $f(x)=x^3-(a+1)x^2+ax-4$가 구간 $[1, 2]$에서 감소하도록 하는 정수 a의 최솟값을 구하시오.

5 함수 $f(x)=2x^3-9x^2-24x+3$이 $x=a$에서 극대이고 $x=b$에서 극소일 때, $b-a$의 값은?

① 2 ② 3 ③ 4

④ 5 ⑤ 6

6 함수 $f(x)=x^3-3x+6$의 모든 극값의 합은?

① 4 ② 8 ③ 12

④ 16 ⑤ 20

7 미분가능한 함수 $f(x)$가 $x=2$에서 극솟값 -1을 가질 때, 곡선 $y=(x^2-3)f(x)$ 위의 $x=2$인 점에서의 접선의 방정식은?

① $y=-4x-7$ ② $y=-4x+7$

③ $y=-2x+3$ ④ $y=-2x+5$

⑤ $y=4x-9$

수능

8 함수 $f(x)=-x^4+8a^2x^2-1$이 $x=b$와 $x=2-2b$에서 극대일 때, $a+b$의 값은?
(단, a, b는 $a>0$, $b>1$인 상수이다.)

① 3 ② 5 ③ 7

④ 9 ⑤ 11

연습문제

9 함수 $f(x)=x^3-3kx^2-9k^2x$의 극댓값과 극솟값의 합이 -22일 때, 양수 k의 값을 구하시오.

평가원

10 함수 $f(x)=x^3-3ax^2+3(a^2-1)x$의 극댓값이 4이고 $f(-2)>0$일 때, $f(-1)$의 값은?
(단, a는 상수이다.)

① 1   ② 2   ③ 3
④ 4   ⑤ 5

11 함수 $f(x)$의 도함수 $y=f'(x)$의 그래프가 다음 그림과 같을 때, 보기 중 옳은 것만을 있는 대로 고르시오.

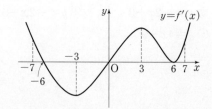

•보기•

ㄱ. 함수 $f(x)$는 구간 $[-3, 0]$에서 증가한다.
ㄴ. 함수 $f(x)$는 구간 $[3, 6]$에서 감소한다.
ㄷ. 함수 $f(x)$는 $x=-3$에서 극대이다.
ㄹ. 구간 $[-7, 7]$에서 함수 $f(x)$의 극값은 2개이다.

12 최고차항의 계수가 1인 삼차함수 $f(x)$의 도함수 $y=f'(x)$의 그래프가 오른쪽 그림과 같을 때, $f(x)$의 극댓값과 극솟값의 차를 구하시오.

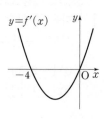

실력

교육청

13 삼차함수 $f(x)$에 대하여 방정식 $f'(x)=0$의 두 실근 α, β는 다음 조건을 만족시킨다.

(가) $|\alpha-\beta|=10$
(나) 두 점 $(\alpha, f(\alpha))$, $(\beta, f(\beta))$ 사이의 거리는 26이다.

함수 $f(x)$의 극댓값과 극솟값의 차는?

① $12\sqrt{2}$ ② 18   ③ 24
④ 30   ⑤ $24\sqrt{2}$

14 최고차항의 계수가 1인 삼차함수 $f(x)$가 다음 조건을 모두 만족시킬 때, $f(x)$의 극솟값을 구하시오.

(가) 함수 $f(x)$는 $x=-1$에서 극대이다.
(나) 곡선 $y=f(x)$는 원점을 지난다.
(다) 모든 실수 x에 대하여 $f'(1-x)=f'(1+x)$가 성립한다.

함수의 그래프

1 함수의 그래프

미분가능한 함수 $y=f(x)$의 그래프는 다음과 같은 순서로 그린다.

(1) 도함수 $f'(x)$를 구한다.

(2) $f'(x)=0$인 x의 값을 구한다.

(3) (2)에서 구한 x의 값의 좌우에서 $f'(x)$의 부호를 조사하여 함수 $f(x)$의 증가와 감소를 표로 나타내고, $f(x)$의 극값을 구한다.

(4) 함수 $y=f(x)$의 그래프와 좌표축이 만나는 점의 좌표를 구한다.

(5) (3), (4)에서 구한 증가, 감소, 극값, 좌표축과 만나는 점의 좌표를 이용하여 함수 $y=f(x)$의 그래프를 그린다.

참고 함수 $y=f(x)$의 그래프와 x축이 만나는 점의 좌표를 구하기 어려운 경우에는 생략할 수 있다.

예 • 함수 $f(x)=x^3-6x^2+9x-3$의 그래프를 그려 보자.

$f'(x)=3x^2-12x+9=3(x-1)(x-3)$이므로 $f'(x)=0$인 x의 값은 $x=1$ 또는 $x=3$

도함수 $f'(x)$의 부호를 조사하여 함수 $f(x)$의 증가와 감소를 표로 나타내면 다음과 같다.

x	$\cdots$	1	$\cdots$	3	$\cdots$
$f'(x)$	$+$	0	$-$	0	$+$
$f(x)$	↗	1 극대	↘	-3 극소	↗

또 $f(0)=-3$이므로 함수 $y=f(x)$의 그래프와 y축이 만나는 점의 좌표는 $(0,\ -3)$

따라서 함수 $y=f(x)$의 그래프는 다음 그림과 같다.

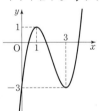

• 함수 $f(x)=x^3+3x^2+3x+2$의 그래프를 그려 보자.

$f'(x)=3x^2+6x+3=3(x+1)^2$이므로 $f'(x)=0$인 x의 값은 $x=-1$

도함수 $f'(x)$의 부호를 조사하여 함수 $f(x)$의 증가와 감소를 표로 나타내면 다음과 같다.

x	$\cdots$	-1	$\cdots$
$f'(x)$	$+$	0	$+$
$f(x)$	↗	1	↗

또 $f(0)=2$이므로 함수 $y=f(x)$의 그래프와 y축이 만나는 점의 좌표는 $(0,\ 2)$

따라서 함수 $y=f(x)$의 그래프는 다음 그림과 같다.

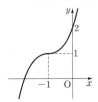

2 삼차함수가 극값을 가질 조건

(1) 삼차함수 $f(x)$가 극값을 갖는다. ◀ 극댓값과 극솟값을 모두 갖는다.

$\iff$ 이차방정식 $f'(x)=0$이 서로 다른 두 실근을 갖는다.

$\iff$ 이차방정식 $f'(x)=0$의 판별식을 D라 하면 $D>0$이다.

(2) 삼차함수 $f(x)$가 극값을 갖지 않는다.

$\iff$ 이차방정식 $f'(x)=0$이 중근을 갖거나 서로 다른 두 허근을 갖는다.

$\iff$ 이차방정식 $f'(x)=0$의 판별식을 D라 하면 $D\leq0$이다.

예 (1) 함수 $f(x)=x^3-2x^2-5x+1$이 극값을 갖는지 조사해 보자.

$f'(x)=3x^2-4x-5$이므로 이차방정식 $f'(x)=0$, 즉 $3x^2-4x-5=0$의 판별식을 D라 하면

$\dfrac{D}{4}=4+15=19>0$

따라서 이차방정식 $f'(x)=0$이 서로 다른 두 실근을 가지므로 삼차함수 $f(x)$는 극값을 갖는다.
극댓값과 극솟값을 모두 갖는다.

(2) 함수 $f(x)=x^3+x^2+2x-3$이 극값을 갖는지 조사해 보자.

$f'(x)=3x^2+2x+2$이므로 이차방정식 $f'(x)=0$, 즉 $3x^2+2x+2=0$의 판별식을 D라 하면

$\dfrac{D}{4}=1-6=-5<0$

따라서 이차방정식 $f'(x)=0$이 서로 다른 두 허근을 가지므로 삼차함수 $f(x)$는 극값을 갖지 않는다.

3 사차함수가 극값을 가질 조건

(1) 사차함수 $f(x)$의 최고차항의 계수가 양수일 때, $f(x)$는 항상 극솟값을 갖는다.

① 사차함수 $f(x)$가 극댓값을 갖는다. ◀ 극댓값 1개, 극솟값 2개를 갖는다.

$\iff$ 삼차방정식 $f'(x)=0$이 서로 다른 세 실근을 갖는다.

② 사차함수 $f(x)$가 극댓값을 갖지 않는다. ◀ 극솟값 1개만을 갖는다.

$\iff$ 삼차방정식 $f'(x)=0$이 중근 또는 허근을 갖는다.

(2) 사차함수 $f(x)$의 최고차항의 계수가 음수일 때, $f(x)$는 항상 극댓값을 갖는다.

① 사차함수 $f(x)$가 극솟값을 갖는다. ◀ 극댓값 2개, 극솟값 1개를 갖는다.

$\iff$ 삼차방정식 $f'(x)=0$이 서로 다른 세 실근을 갖는다.

② 사차함수 $f(x)$가 극솟값을 갖지 않는다. ◀ 극댓값 1개만을 갖는다.

$\iff$ 삼차방정식 $f'(x)=0$이 중근 또는 허근을 갖는다.

예 • 함수 $f(x)=3x^4+8x^3-6x^2-24x+1$이 극댓값을 갖는지 조사해 보자.

$f'(x)=12x^3+24x^2-12x-24$이므로 삼차방정식 $f'(x)=0$에서

$12(x+2)(x+1)(x-1)=0$

$\therefore x=-2$ 또는 $x=-1$ 또는 $x=1$

따라서 삼차방정식 $f'(x)=0$이 서로 다른 세 실근을 가지므로 사차함수 $f(x)$는 극댓값을 갖는다.
극댓값 1개, 극솟값 2개를 갖는다.

• 함수 $f(x)=x^4+4x^3+8x^2+8x+3$이 극댓값을 갖는지 조사해 보자.

$f'(x)=4x^3+12x^2+16x+8$이므로 삼차방정식 $f'(x)=0$에서

$4(x+1)(x^2+2x+2)=0$

$\therefore x=-1$ 또는 $x=-1\pm i$

따라서 삼차방정식 $f'(x)=0$이 한 실근과 서로 다른 두 허근을 가지므로 사차함수 $f(x)$는 극댓값을 갖지 않는다.
극솟값 1개만을 갖는다.

삼차함수가 극값을 가질 조건

삼차함수 $f(x)=ax^3+bx^2+cx+d\,(a>0)$에 대하여 그 도함수 $y=f'(x)$의 그래프의 개형을 이용하여 $y=f(x)$의 그래프와 극값의 존재 여부를 살펴보면 다음과 같다.

방정식 $f'(x)=0$이 서로 다른 두 실근 α, β를 갖는 경우	방정식 $f'(x)=0$이 중근 α를 갖는 경우	방정식 $f'(x)=0$이 서로 다른 두 허근을 갖는 경우
➡ 극댓값과 극솟값을 모두 갖는다.	➡ 극값을 갖지 않는다.	➡ 극값을 갖지 않는다.

$a<0$인 경우도 같은 방법으로 그래프를 그려 보면 삼차함수 $f(x)$는 이차방정식 $f'(x)=0$이 서로 다른 두 실근을 가질 때만 극값을 갖는다.

사차함수가 극값을 가질 조건

사차함수 $f(x)=ax^4+bx^3+cx^2+dx+e\,(a>0)$에 대하여 그 도함수 $y=f'(x)$의 그래프의 개형을 이용하여 $y=f(x)$의 그래프와 극값의 존재 여부를 살펴보면 다음과 같다.

방정식 $f'(x)=0$이 서로 다른 세 실근 α, β, γ를 갖는 경우	방정식 $f'(x)=0$이 한 실근 α와 중근 β를 갖는 경우	
➡ 극댓값과 극솟값을 모두 갖는다.	➡ 극솟값만 갖는다.	

방정식 $f'(x)=0$이 삼중근 α를 갖는 경우	방정식 $f'(x)=0$이 한 실근 α와 서로 다른 두 허근을 갖는 경우	
➡ 극솟값만 갖는다.	➡ 극솟값만 갖는다.	

$a<0$인 경우도 같은 방법으로 그래프를 그려 보면 사차함수 $f(x)$는 항상 극댓값을 갖지만, 삼차방정식 $f'(x)=0$이 서로 다른 세 실근을 가질 때만 극솟값을 갖는다.

함수의 그래프

✎ 유형편 **43쪽**

필.수.예.제 01

다음 함수의 그래프를 그리시오.

(1) $f(x)=x^3-3x^2-9x+1$

(2) $f(x)=-x^4+4x^3-4x^2+2$

공략 Point

함수의 증가, 감소, 극값, 좌표축과 만나는 점의 좌표를 이용하여 함수의 그래프를 그린다.

풀이

(1) $f(x)=x^3-3x^2-9x+1$에서 $f'(x)=0$인 x의 값은

$f'(x)=3x^2-6x-9=3(x+1)(x-3)$

$x=-1$ 또는 $x=3$

함수 $f(x)$의 증가와 감소를 표로 나타내면 오른쪽과 같다.

x	$\cdots$	-1	$\cdots$	3	$\cdots$
$f'(x)$	$+$	0	$-$	0	$+$
$f(x)$	↗	6 극대	↘	-26 극소	↗

$f(0)=1$이므로 y축과 만나는 점의 좌표는

$(0,\,1)$

따라서 함수 $y=f(x)$의 그래프는

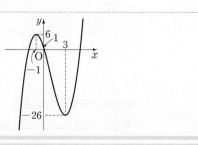

(2) $f(x)=-x^4+4x^3-4x^2+2$에서 $f'(x)=0$인 x의 값은

$f'(x)=-4x^3+12x^2-8x=-4x(x-1)(x-2)$

$x=0$ 또는 $x=1$ 또는 $x=2$

함수 $f(x)$의 증가와 감소를 표로 나타내면 오른쪽과 같다.

x	$\cdots$	0	$\cdots$	1	$\cdots$	2	$\cdots$
$f'(x)$	$+$	0	$-$	0	$+$	0	$-$
$f(x)$	↗	2 극대	↘	1 극소	↗	2 극대	↘

따라서 함수 $y=f(x)$의 그래프는

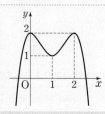

정답과 해설 47쪽

문제

01-1 다음 함수의 그래프를 그리시오.

(1) $f(x)=-x^3+3x+1$

(2) $f(x)=x^4-2x^2+3$

삼차함수가 극값을 가질 조건

유형편 **43쪽**

필.수.예.제 02

다음 물음에 답하시오.

(1) 함수 $f(x)=x^3+ax^2+3ax+2$가 극값을 갖도록 하는 상수 a의 값의 범위를 구하시오.

(2) 함수 $f(x)=-\dfrac{1}{3}x^3+ax^2+(2a-8)x+2$가 극값을 갖지 않도록 하는 상수 a의 값의 범위를 구하시오.

공략 Point

삼차함수 $f(x)$에 대하여 이차방정식 $f'(x)=0$의 판별식을 D라 할 때
(1) $f(x)$가 극값을 가지려면
  ➡ $D>0$
(2) $f(x)$가 극값을 갖지 않으려면
  ➡ $D\leq0$

풀이

(1) $f(x)=x^3+ax^2+3ax+2$에서 $f'(x)=3x^2+2ax+3a$

함수 $f(x)$가 극값을 가지려면 이차방정식 $f'(x)=0$이 서로 다른 두 실근을 가져야 하므로 $f'(x)=0$의 판별식을 D라 하면 $D>0$에서

$\dfrac{D}{4}=a^2-9a>0$

$a(a-9)>0$

∴ $\boldsymbol{a<0}$ 또는 $\boldsymbol{a>9}$

(2) $f(x)=-\dfrac{1}{3}x^3+ax^2+(2a-8)x+2$에서 $f'(x)=-x^2+2ax+2a-8$

함수 $f(x)$가 극값을 갖지 않으려면 이차방정식 $f'(x)=0$이 중근 또는 허근을 가져야 하므로 $f'(x)=0$의 판별식을 D라 하면 $D\leq0$에서

$\dfrac{D}{4}=a^2+2a-8\leq0$

$(a+4)(a-2)\leq0$

∴ $\boldsymbol{-4\leq a\leq2}$

정답과 해설 47쪽

문제

02-1 함수 $f(x)=x^3+ax^2+3x+4$가 극값을 갖도록 하는 상수 a의 값의 범위를 구하시오.

02-2 함수 $f(x)=3x^3+(a+2)x^2+ax+1$이 극값을 갖지 않도록 하는 상수 a의 값의 범위를 구하시오.

02-3 삼차함수 $f(x)=ax^3+(a+2)x^2+(a-1)x-2$가 극댓값과 극솟값을 모두 갖도록 하는 상수 a의 값의 범위를 구하시오.

삼차함수가 주어진 구간에서 극값을 가질 조건

필.수.예.제
03

함수 $f(x)=x^3+ax^2+3x-2$에 대하여 다음을 구하시오.

(1) 함수 $f(x)$가 $x<-1$에서 극댓값을 갖고, $-1<x<1$에서 극솟값을 갖도록 하는 상수 a의 값의 범위

(2) 함수 $f(x)$가 $-2<x<1$에서 극댓값과 극솟값을 모두 갖도록 하는 상수 a의 값의 범위

공략 Point

삼차함수 $f(x)$가 주어진 구간에서 극값을 가지려면 이차방정식 $f'(x)=0$이 주어진 구간에서 서로 다른 두 실근을 가져야 한다.

풀이

$f(x)=x^3+ax^2+3x-2$에서	$f'(x)=3x^2+2ax+3$

(1)

함수 $f(x)$가 $x<-1$에서 극댓값을 갖고, $-1<x<1$에서 극솟값을 가지려면	이차방정식 $f'(x)=0$이 $x<-1$에서 한 실근을 갖고, $-1<x<1$에서 다른 한 실근을 가져야 한다.
$f'(-1)<0$이어야 하므로	$3-2a+3<0$ $\quad \therefore a>3$ $\quad$ ······ ㉠
$f'(1)>0$이어야 하므로	$3+2a+3>0$ $\quad \therefore a>-3$ $\quad$ ······ ㉡
㉠, ㉡에서	$a>3$

(2)

함수 $f(x)$가 $-2<x<1$에서 극댓값과 극솟값을 모두 가지려면	이차방정식 $f'(x)=0$이 $-2<x<1$에서 서로 다른 두 실근을 가져야 한다.
이차방정식 $f'(x)=0$의 판별식을 D라 하면 $D>0$이어야 하므로	$\dfrac{D}{4}=a^2-9>0$, $(a+3)(a-3)>0$ $\therefore a<-3$ 또는 $a>3$ $\quad$ ······ ㉠
$f'(-2)>0$이어야 하므로	$12-4a+3>0$ $\quad \therefore a<\dfrac{15}{4}$ $\quad$ ······ ㉡
$f'(1)>0$이어야 하므로	$3+2a+3>0$ $\quad \therefore a>-3$ $\quad$ ······ ㉢
함수 $y=f'(x)$의 그래프의 축의 방정식이 $x=-\dfrac{a}{3}$이므로	$-2<-\dfrac{a}{3}<1$ $\quad \therefore -3<a<6$ $\quad$ ······ ㉣
㉠~㉣에서	$3<a<\dfrac{15}{4}$

정답과 해설 47쪽

문제

03-1

함수 $f(x)=x^3-3ax^2+9x-1$에 대하여 다음을 구하시오.

(1) 함수 $f(x)$가 $-2<x<2$에서 극댓값을 갖고, $x>2$에서 극솟값을 갖도록 하는 상수 a의 값의 범위

(2) 함수 $f(x)$가 $-1<x<3$에서 극댓값과 극솟값을 모두 갖도록 하는 상수 a의 값의 범위

사차함수가 극값을 가질 조건

🖋 유형편 44쪽

필.수.예.제 04

함수 $f(x)=x^4+4x^3+2ax^2+5$에 대하여 다음을 구하시오.

(1) 함수 $f(x)$가 극댓값과 극솟값을 모두 갖도록 하는 상수 a의 값의 범위

(2) 함수 $f(x)$가 극값을 하나만 갖도록 하는 상수 a의 값의 범위

공략 Point

(1) 사차함수 $f(x)$가 극댓값과 극솟값을 모두 가지려면 삼차방정식 $f'(x)=0$이 서로 다른 세 실근을 가져야 한다.

(2) 사차함수 $f(x)$가 극값을 하나만 가지려면 삼차방정식 $f'(x)=0$이 중근 또는 허근을 가져야 한다.

풀이

$f(x)=x^4+4x^3+2ax^2+5$에서	$f'(x)=4x^3+12x^2+4ax=4x(x^2+3x+a)$
(1) 함수 $f(x)$가 극댓값과 극솟값을 모두 가지려면 삼차방정식 $f'(x)=0$이 서로 다른 세 실근을 가져야 하므로	$4x(x^2+3x+a)=0$에서 방정식 $x^2+3x+a=0$은 0이 아닌 서로 다른 두 실근을 가져야 한다.
$x=0$이 방정식 $x^2+3x+a=0$의 근이 아니어야 하므로	$a\neq 0$ ······ ㉠
방정식 $x^2+3x+a=0$의 판별식을 D라 하면 $D>0$이어야 하므로	$D=9-4a>0$ ∴ $a<\dfrac{9}{4}$ ······ ㉡
㉠, ㉡에서	$a<0$ 또는 $0<a<\dfrac{9}{4}$
(2) 함수 $f(x)$가 극값을 하나만 가지려면 삼차방정식 $f'(x)=0$이 중근 또는 허근을 가져야 하므로	$4x(x^2+3x+a)=0$에서 방정식 $x^2+3x+a=0$의 한 근이 0이거나 중근 또는 허근을 가져야 한다.
(i) 방정식 $x^2+3x+a=0$의 한 근이 0이면	$a=0$
(ii) 방정식 $x^2+3x+a=0$이 중근 또는 허근을 가지려면 판별식을 D라 할 때, $D\leq 0$이어야 하므로	$D=9-4a\leq 0$ ∴ $a\geq\dfrac{9}{4}$
(i), (ii)에서	$a=0$ 또는 $a\geq\dfrac{9}{4}$

정답과 해설 48쪽

문제

04-1 함수 $f(x)=3x^4+8x^3-6ax^2$이 극댓값과 극솟값을 모두 갖도록 하는 상수 a의 값의 범위를 구하시오.

04-2 함수 $f(x)=x^4+2(a-1)x^2+4ax+3$이 극값을 하나만 갖도록 하는 상수 a의 값의 범위를 구하시오.

함수의 최댓값과 최솟값

1 함수의 최댓값과 최솟값

닫힌구간 $[a, b]$에서 연속인 함수 $f(x)$에 대하여 주어진 구간에서의

극댓값, 극솟값, $f(a)$, $f(b)$

를 비교하였을 때, 가장 큰 값이 최댓값, 가장 작은 값이 최솟값이다.

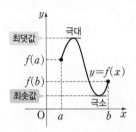 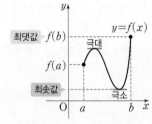 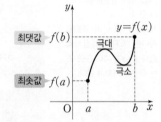

⟮예⟯ 구간 $[-2, 4]$에서 함수 $f(x)=-2x^3+3x^2+12x+10$의 최댓값과 최솟값을 구해 보자.

$f(x)=-2x^3+3x^2+12x+10$에서

$f'(x)=-6x^2+6x+12=-6(x+1)(x-2)$

$f'(x)=0$인 x의 값은 $x=-1$ 또는 $x=2$

구간 $[-2, 4]$에서 함수 $f(x)$의 증가와 감소를 표로 나타내면 다음과 같다.

x	-2	$\cdots$	-1	$\cdots$	2	$\cdots$	4
$f'(x)$		$-$	0	$+$	0	$-$	
$f(x)$	14	↘	3 극소	↗	30 극대	↘	-22

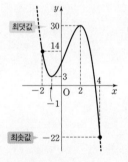

따라서 함수 $f(x)$는 $x=2$에서 최대이고 최댓값은 30, $x=4$에서 최소이고 최솟값은 -22이다.

⟮참고⟯ 닫힌구간 $[a, b]$에서 함수 $f(x)$가 연속이고 극값이 하나뿐일 때

(1) 하나뿐인 극값이 극댓값이면 극댓값이 최댓값이다.

이때 $f(a)$와 $f(b)$ 중 작은 값이 최솟값이다.

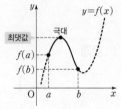

(2) 하나뿐인 극값이 극솟값이면 극솟값이 최솟값이다.

이때 $f(a)$와 $f(b)$ 중 큰 값이 최댓값이다.

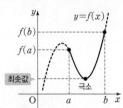

함수의 최댓값과 최솟값

필.수.예.제 05

주어진 구간에서 다음 함수의 최댓값과 최솟값을 구하시오.

(1) $f(x)=2x^3-3x^2-12x+5$ $[-2, 2]$ 　　(2) $f(x)=x^4-2x^2-2$ $[-2, 1]$

공략 Point

구간 $[a, b]$에서 연속인 함수 $f(x)$의 최댓값과 최솟값은 구간 $[a, b]$에서의 극값과 $f(a)$, $f(b)$를 비교하여 구한다.

풀이

(1) $f(x)=2x^3-3x^2-12x+5$에서 $f'(x)=0$인 x의 값은

$f'(x)=6x^2-6x-12=6(x+1)(x-2)$

$x=-1$ 또는 $x=2$

구간 $[-2, 2]$에서 함수 $f(x)$의 증가와 감소를 표로 나타내면 오른쪽과 같다.

x	-2	$\cdots$	-1	$\cdots$	2
$f'(x)$		$+$	0	$-$	
$f(x)$	1	↗	12 극대	↘	-15

따라서 함수 $f(x)$는 $x=-1$에서 최대, $x=2$에서 최소이므로

최댓값: 12
최솟값: -15

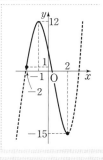

(2) $f(x)=x^4-2x^2-2$에서 $f'(x)=0$인 x의 값은

$f'(x)=4x^3-4x=4x(x+1)(x-1)$

$x=-1$ 또는 $x=0$ 또는 $x=1$

구간 $[-2, 1]$에서 함수 $f(x)$의 증가와 감소를 표로 나타내면 오른쪽과 같다.

x	-2	$\cdots$	-1	$\cdots$	0	$\cdots$	1
$f'(x)$		$-$	0	$+$	0	$-$	
$f(x)$	6	↘	-3 극소	↗	-2 극대	↘	-3

따라서 함수 $f(x)$는 $x=-2$에서 최대, $x=-1$ 또는 $x=1$에서 최소이므로

최댓값: 6
최솟값: -3

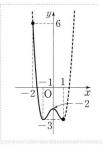

정답과 해설 48쪽

문제

05-**1** 주어진 구간에서 다음 함수의 최댓값과 최솟값을 구하시오.

(1) $f(x)=-x^3+3x^2$ $[-2, 3]$ 　　　　(2) $f(x)=3x^4+4x^3-12x^2+7$ $[-1, 1]$

함수의 최댓값과 최솟값을 이용하여 미정계수 구하기

필.수.예.제 06

정답과 해설 48쪽

공략 Point

함수의 최댓값과 최솟값을 미정계수를 포함한 식으로 나타낸 후 주어진 값과 비교한다.

구간 $[-1, 2]$에서 함수 $f(x)=ax^3-6ax^2+b$의 최댓값이 3, 최솟값이 -29일 때, 상수 a, b의 값을 구하시오. (단, $a>0$)

풀이

$f(x)=ax^3-6ax^2+b$에서	$f'(x)=3ax^2-12ax=3ax(x-4)$
$f'(x)=0$인 x의 값은	$x=0$ ($\because -1 \leq x \leq 2$)

$a>0$이므로 구간 $[-1, 2]$에서 함수 $f(x)$의 증가와 감소를 표로 나타내면 오른쪽과 같다.

x	-1	$\cdots$	0	$\cdots$	2
$f'(x)$		$+$	0	$-$	
$f(x)$	$-7a+b$	↗	b 극대	↘	$-16a+b$

따라서 함수 $f(x)$의 최댓값은 b, 최솟값은 $-16a+b$이므로

$b=3$, $-16a+b=-29$

$\therefore a=2$, $b=3$

문제

06-1 구간 $[0, 4]$에서 함수 $f(x)=-x^3+3x^2+a$의 최댓값이 9일 때, $f(x)$의 최솟값을 구하시오. (단, a는 상수)

06-2 구간 $[-2, 4]$에서 함수 $f(x)=x^3-3x^2-9x+a$의 최댓값을 M, 최솟값을 m이라 할 때, $M+m=-12$이다. 이때 상수 a의 값을 구하시오.

06-3 구간 $[1, 4]$에서 함수 $f(x)=ax^4-4ax^3+b$의 최댓값이 9, 최솟값이 0일 때, 상수 a, b에 대하여 ab의 값을 구하시오. (단, $a>0$)

함수의 최대, 최소의 활용 - 넓이

✏ 유형편 46쪽

필.수.예.제 07

오른쪽 그림과 같이 곡선 $y=9-x^2$과 x축으로 둘러싸인 부분에 내접하고 한 변이 x축 위에 있는 직사각형 ABCD의 넓이의 최댓값을 구하시오.

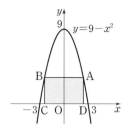

공략 Point

넓이를 한 문자에 대한 함수로 나타낸 후 조건을 만족시키는 범위에서의 최댓값과 최솟값을 구한다.

풀이

점 A의 x좌표를 a라 하면	$A(a, 9-a^2)$ (단, $0<a<3$)
$\overline{AB}=2a$, $\overline{AD}=9-a^2$이므로 직사각형 ABCD의 넓이를 $S(a)$라 하면	$S(a)=2a(9-a^2)=-2a^3+18a$ $\therefore S'(a)=-6a^2+18=-6(a+\sqrt{3})(a-\sqrt{3})$
$S'(a)=0$인 a의 값은	$a=\sqrt{3}$ $(\because 0<a<3)$

0<a<3에서 함수 $S(a)$의 증가와 감소를 표로 나타내면 오른쪽과 같다.

a	0	$\cdots$	$\sqrt{3}$	$\cdots$	3
$S'(a)$		$+$	0	$-$	
$S(a)$		↗	$12\sqrt{3}$ 극대	↘	

따라서 넓이 $S(a)$의 최댓값은 $12\sqrt{3}$

정답과 해설 49쪽

문제

07-1 오른쪽 그림과 같이 두 곡선 $y=x^2-3$, $y=-x^2+3$으로 둘러싸인 부분에 내접하고 각 변이 좌표축과 평행한 직사각형의 넓이의 최댓값을 구하시오.

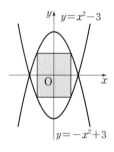

07-2 오른쪽 그림과 같이 곡선 $y=x(x-4)^2$이 x축과 만나는 점 중 원점 O가 아닌 점을 A라 하자. 곡선을 따라 두 점 O, A 사이를 움직이는 점 P에서 x축에 내린 수선의 발을 H라 할 때, 삼각형 POH의 넓이의 최댓값을 구하시오.

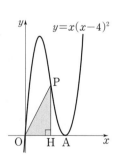

함수의 최대, 최소의 활용 – 부피

유형편 46쪽

필.수.예.제 08

오른쪽 그림과 같이 한 변의 길이가 30인 정사각형 모양의 종이의 네 모퉁이에서 같은 크기의 정사각형을 잘라 내고 남은 부분을 접어서 뚜껑이 없는 직육면체 모양의 상자를 만들려고 한다. 이 상자의 부피의 최댓값을 구하시오.

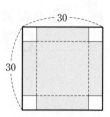

공략 Point

부피를 한 문자에 대한 함수로 나타낸 후 조건을 만족시키는 범위에서의 최댓값과 최솟값을 구한다.

풀이

잘라 내는 정사각형의 한 변의 길이를 x라 하면 상자의 밑면의 한 변의 길이는 $30-2x$이므로	$x>0,\ 30-2x>0$ $\therefore\ 0<x<15$
상자의 부피를 $V(x)$라 하면	$V(x)=x(30-2x)^2=4x^3-120x^2+900x$ $\therefore\ V'(x)=12x^2-240x+900=12(x-5)(x-15)$
$V'(x)=0$인 x의 값은	$x=5\ (\because\ 0<x<15)$
$0<x<15$에서 함수 $V(x)$의 증가와 감소를 표로 나타내면 오른쪽과 같다.	(표)

x	0	$\cdots$	5	$\cdots$	15
$V'(x)$		$+$	0	$-$	
$V(x)$		↗	2000 극대	↘	

따라서 부피 $V(x)$의 최댓값은	**2000**

정답과 해설 49쪽

문제

08-1

오른쪽 그림과 같이 한 변의 길이가 12인 정삼각형 모양의 종이의 세 모퉁이에서 합동인 사각형을 잘라 내고 남은 부분을 접어서 뚜껑이 없는 삼각기둥 모양의 상자를 만들려고 한다. 이 상자의 부피의 최댓값을 구하시오.

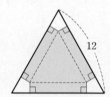

08-2

밑면의 반지름의 길이와 높이의 합이 9인 원기둥의 부피가 최대일 때, 밑면의 반지름의 길이를 구하시오.

연습문제

1 함수 $f(x)$의 도함수 $y=f'(x)$의 그래프가 오른쪽 그림과 같을 때, 다음 중 함수 $y=f(x)$의 그래프의 개형이 될 수 있는 것은?

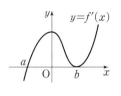

①   ②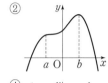

③   ④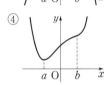

⑤

2 함수 $f(x)=x^3+ax^2+ax+1$이 극값을 갖지 않도록 하는 정수 a의 개수는?

① 2   ② 3   ③ 4
④ 5   ⑤ 6

3 함수 $f(x)=x^3+3ax^2+3x$가 구간 $(-1, 2)$에서 극댓값과 극솟값을 모두 갖도록 하는 상수 a의 값의 범위를 구하시오.

4 구간 $[0, 2]$에서 함수 $f(x)=-x^3+x^2+x+8$의 최댓값과 최솟값의 합은?

① 13   ② 15   ③ 17
④ 19   ⑤ 21

5 구간 $[-1, 4]$에서 함수 $f(x)=-ax^3+3ax^2+b$의 최댓값이 24, 최솟값이 4일 때, 상수 a, b에 대하여 $a+b$의 값을 구하시오. (단, $a>0$)

평가원

6 양수 a에 대하여 함수 $f(x)=x^3+ax^2-a^2x+2$가 닫힌구간 $[-a, a]$에서 최댓값 M, 최솟값 $\dfrac{14}{27}$를 갖는다. $a+M$의 값을 구하시오.

7 두 점 $A(0, 2)$, $B(4, 1)$과 곡선 $y=x^2+1$ 위의 점 P에 대하여 $\overline{AP}^2+\overline{BP}^2$의 최솟값을 구하시오.

연습문제

8 오른쪽 그림과 같이 곡선 $y=(x-3)^2$ 위의 $x=a\,(0<a<3)$인 점에서의 접선과 x축 및 y축으로 둘러싸인 삼각형의 넓이의 최댓값을 구하시오.

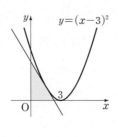

9 반지름의 길이가 $2\sqrt{3}$인 부채꼴 모양의 종이로 밑면이 없는 원뿔 모양의 그릇을 만들려고 한다. 이 그릇의 부피의 최댓값을 구하시오.

실력

10 함수 $f(x)=2x^3-3x^2-12x+k$에 대하여 함수 $g(x)$를 $g(x)=|f(x)|$라 하자. 함수 $g(x)$가 $x=a,\ x=b\,(a<b)$에서 극댓값을 가질 때, $|g(a)-g(b)|>9$를 만족시키는 정수 k의 개수를 구하시오.

11 함수 $f(x)=-\dfrac{1}{2}x^4-(k-1)x^2+2kx$가 극솟값을 갖도록 하는 정수 k의 최댓값을 구하시오.

평가원

12 최고차항의 계수가 1인 삼차함수 $f(x)$에 대하여 함수 $g(x)$는 $g(x)=\begin{cases}\dfrac{1}{2} & (x<0)\\ f(x) & (x\geq0)\end{cases}$이다. $g(x)$가 실수 전체의 집합에서 미분가능하고 $g(x)$의 최솟값이 $\dfrac{1}{2}$보다 작을 때, 보기에서 옳은 것만을 있는 대로 고른 것은?

┌─ 보기 ─

ㄱ. $g(0)+g'(0)=\dfrac{1}{2}$

ㄴ. $g(1)<\dfrac{3}{2}$

ㄷ. 함수 $g(x)$의 최솟값이 0일 때, $g(2)=\dfrac{5}{2}$이다.

① ㄱ   ② ㄱ, ㄴ   ③ ㄱ, ㄷ
④ ㄴ, ㄷ   ⑤ ㄱ, ㄴ, ㄷ

13 반지름의 길이가 6인 구에 내접하는 원뿔의 부피의 최댓값을 구하시오.

1 방정식에의 활용

1 방정식의 실근의 개수

함수의 그래프를 이용하여 방정식의 실근의 개수를 구할 수 있다.

(1) 방정식 $f(x)=0$의 실근의 개수

방정식 $f(x)=0$의 실근은 함수 $y=f(x)$의 그래프와 x축의 교점의 x좌표와 같다. 즉,

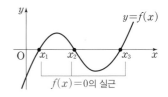

> 방정식 $f(x)=0$의 서로 다른 실근의 개수
> $\Longleftrightarrow$ 함수 $y=f(x)$의 그래프와 x축의 교점의 개수

(2) 방정식 $f(x)=g(x)$의 실근의 개수

방정식 $f(x)=g(x)$의 실근은 두 함수 $y=f(x)$, $y=g(x)$의 그래프의 교점의 x좌표와 같다. 즉,

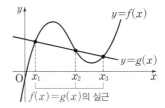

> 방정식 $f(x)=g(x)$의 서로 다른 실근의 개수
> $\Longleftrightarrow$ 두 함수 $y=f(x)$, $y=g(x)$의 그래프의 교점의
> 개수

참고 · 방정식 $f(x)=g(x)$에서 $f(x)-g(x)=0$이므로 방정식 $f(x)=g(x)$의 실근의 개수는 함수
$y=f(x)-g(x)$의 그래프와 x축의 교점의 개수와도 같다.
· 방정식 $f(x)=0$이 실근을 갖지 않으면 함수 $y=f(x)$의 그래프는 x축과 만나지 않는다.
· 방정식 $f(x)=a$(a는 상수)의 양의 실근은 함수 $y=f(x)$의 그래프와 직선 $y=a$가 y축의 오른쪽에서 만나
는 점의 x좌표와 같다.
　또 방정식 $f(x)=a$(a는 상수)의 음의 실근은 함수 $y=f(x)$의 그래프와 직선 $y=a$가 y축의 왼쪽에서 만나
는 점의 x좌표와 같다.

예 방정식 $x^3-6x^2+9x+3=0$의 서로 다른 실근의 개수를 구해 보자.

$f(x)=x^3-6x^2+9x+3$이라 하면

$f'(x)=3x^2-12x+9=3(x-1)(x-3)$

$f'(x)=0$인 x의 값은 $x=1$ 또는 $x=3$

함수 $f(x)$의 증가와 감소를 표로 나타내면 다음과 같다.

x	$\cdots$	1	$\cdots$	3	$\cdots$
$f'(x)$		$+$	0	$-$	0	$+$
$f(x)$	$\nearrow$	7 극대	$\searrow$	3 극소	$\nearrow$

또 $f(0)=3$이므로 함수 $y=f(x)$의 그래프는 오른쪽 그림과 같다.
따라서 함수 $y=f(x)$의 그래프는 x축과 한 점에서 만나므로 주어진 방정식의
실근의 개수는 1이다.
특히 함수 $y=f(x)$의 그래프와 x축의 교점의 x좌표가 음수이므로 주어진 방
정식은 한 개의 음의 실근을 갖는다.

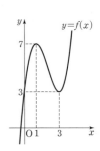

2 삼차방정식의 근의 판별

(1) 삼차함수 $f(x)$가 극값을 가질 때, 삼차방정식 $f(x)=0$의 근은 다음과 같이 판별할 수 있다.

> ① (극댓값)×(극솟값)<0 ⟺ 서로 다른 세 실근을 갖는다.
> ② (극댓값)×(극솟값)=0 ⟺ 중근과 다른 한 실근(서로 다른 두 실근)을 갖는다.
> ③ (극댓값)×(극솟값)>0 ⟺ 한 실근과 두 허근을 갖는다.

참고 • 삼차함수의 최고차항의 계수가 양수이고 극값을 가질 때

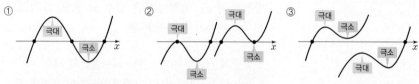

➡ 극댓값과 극솟값의 부호가
   다르면 서로 다른 실근의
   개수는 3이다.

➡ 극댓값 또는 극솟값이 0이
   면 서로 다른 실근의 개수
   는 2이다.

➡ 극댓값과 극솟값의 부호가
   같으면 서로 다른 실근의
   개수는 1이다.

• 삼차함수 $f(x)$에 대하여 이차방정식 $f'(x)=0$이 서로 다른 두 실근 α, β를 가지면 $f(x)$는 극댓값과 극솟값을 모두 갖고, 이때 두 극값은 $f(\alpha)$, $f(\beta)$이다.

예 방정식 $x^3-3x^2+3=0$의 실근의 개수를 구해 보자.
$f(x)=x^3-3x^2+3$이라 하면 $f'(x)=3x^2-6x=3x(x-2)$
$f'(x)=0$인 x의 값은 $x=0$ 또는 $x=2$
이때 극값은 $f(0)=3$, $f(2)=-1$이므로 두 극값의 곱의 부호는
$f(0)f(2)=3\times(-1)<0$
따라서 주어진 방정식은 서로 다른 세 실근을 갖는다.

(2) 삼차함수 $f(x)$가 극값을 갖지 않으면 삼차방정식 $f(x)=0$의 실근은 하나뿐이다.

개념 PLUS

삼차함수의 극값이 존재하지 않을 때 삼차방정식의 근의 판별

삼차함수 $f(x)=ax^3+bx^2+cx+d$ $(a>0)$의 극값이 존재하지 않으면 함수 $y=f(x)$의 그래프의 개형은 오른쪽 그림과 같다.
따라서 방정식 $f(x)=0$은 실근인 삼중근을 갖거나 한 실근과 두 허근을 갖는다. 즉, 실근은 하나뿐이다.

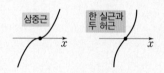

개념 CHECK

정답과 해설 53쪽

1 이차함수 $y=f(x)$와 삼차함수 $y=g(x)$의 그래프가 오른쪽 그림과 같을 때, 다음 방정식의 서로 다른 실근의 개수를 구하시오.

(1) $f(x)=0$

(2) $g(x)=0$

(3) $f(x)=g(x)$

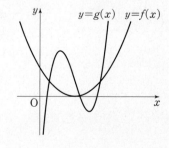

방정식의 실근의 개수

✎ 유형편 **48쪽**

필.수.예.제 01

방정식 $x^3-12x+1=0$의 서로 다른 실근의 개수를 구하시오.

공략 Point

방정식 $f(x)=0$의 서로 다른 실근의 개수는 함수 $y=f(x)$의 그래프를 그린 후 x축과 만나는 점의 개수를 조사하여 구한다.

풀이

$f(x)=x^3-12x+1$이라 하면	$f'(x)=3x^2-12=3(x+2)(x-2)$
$f'(x)=0$인 x의 값은	$x=-2$ 또는 $x=2$
함수 $f(x)$의 증가와 감소를 표로 나타내면 오른쪽과 같다.	(표)

x	$\cdots$	-2	$\cdots$	2	$\cdots$
$f'(x)$	$+$	0	$-$	0	$+$
$f(x)$	$\nearrow$	17 극대	$\searrow$	-15 극소	$\nearrow$

함수 $y=f(x)$의 그래프는 오른쪽 그림과 같으므로	x축과 서로 다른 세 점에서 만난다.

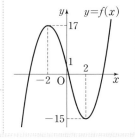

따라서 주어진 방정식의 서로 다른 실근의 개수는	**3**

공략 Point

삼차함수가 극값을 가질 때
(1) (극댓값)×(극솟값)<0
➡ 서로 다른 세 실근
(2) (극댓값)×(극솟값)=0
➡ 서로 다른 두 실근
(3) (극댓값)×(극솟값)>0
➡ 한 개의 실근

다른 풀이

$f(x)=x^3-12x+1$이라 하면	$f'(x)=3x^2-12=3(x+2)(x-2)$
$f'(x)=0$인 x의 값은	$x=-2$ 또는 $x=2$
극값이 $f(-2)$, $f(2)$이므로	$f(-2)f(2)=17\times(-15)<0$
따라서 주어진 방정식의 서로 다른 실근의 개수는	**3**

정답과 해설 53쪽

문제

01-1 다음 방정식의 서로 다른 실근의 개수를 구하시오.

(1) $x^3-6x^2+9x-4=0$　　　　　(2) $x^3-3x^2+5=0$

01-2 다음 방정식의 서로 다른 실근의 개수를 구하시오.

(1) $x^4-4x^3-2x^2+12x+3=0$　　　　　(2) $x^4-2x^2-1=0$

방정식이 실근을 가질 조건

📖 유형편 **48쪽**

필.수.예.제 02

방정식 $x^3-3x^2-a=0$의 근이 다음과 같도록 하는 실수 a의 값 또는 범위를 구하시오.

(1) 서로 다른 세 실근　　　　(2) 서로 다른 두 실근　　　　(3) 한 개의 실근

공략 Point

방정식 $f(x)=a$가 실근을 가지려면 함수 $y=f(x)$의 그래프와 직선 $y=a$의 교점이 존재해야 한다.

풀이

주어진 방정식에서 $x^3-3x^2=a$이므로 이 방정식의 서로 다른 실근의 개수는 함수 $y=x^3-3x^2$의 그래프와 직선 $y=a$의 교점의 개수와 같다.

$f(x)=x^3-3x^2$이라 하면	$f'(x)=3x^2-6x=3x(x-2)$
$f'(x)=0$인 x의 값은	$x=0$ 또는 $x=2$
함수 $f(x)$의 증가와 감소를 표로 나타내면 오른쪽과 같다.	

x	$\cdots$	0	$\cdots$	2	$\cdots$
$f'(x)$	$+$	0	$-$	0	$+$
$f(x)$	$\nearrow$	0 극대	$\searrow$	-4 극소	$\nearrow$

함수 $y=f(x)$의 그래프는 오른쪽 그림과 같으므로 교점이 각각 3개, 2개, 1개가 되도록 직선 $y=a$를 그어 보면 구하는 a의 값의 범위는

(1) $-4<a<0$
(2) $a=-4$ 또는 $a=0$
(3) $a<-4$ 또는 $a>0$

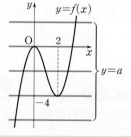

공략 Point

삼차방정식이 실근을 가질 조건은
(1) 서로 다른 세 실근
　➡ (극댓값)×(극솟값)<0
(2) 서로 다른 두 실근
　➡ (극댓값)×(극솟값)=0
(3) 한 개의 실근
　➡ (극댓값)×(극솟값)>0
　또는 극값이 존재하지 않는다.

다른 풀이

$f(x)=x^3-3x^2-a$라 하면	$f'(x)=3x^2-6x=3x(x-2)$
$f'(x)=0$인 x의 값은	$x=0$ 또는 $x=2$
함수 $f(x)$의 극값은	$f(0)=-a$, $f(2)=-a-4$
(1) 서로 다른 세 실근을 가지려면 $f(0)f(2)<0$이어야 하므로	$-a(-a-4)<0$, $a(a+4)<0$ $\therefore -4<a<0$
(2) 서로 다른 두 실근을 가지려면 $f(0)f(2)=0$이어야 하므로	$-a(-a-4)=0$ $\therefore a=-4$ 또는 $a=0$
(3) 한 개의 실근을 가지려면 $f(0)f(2)>0$이어야 하므로	$-a(-a-4)>0$, $a(a+4)>0$ $\therefore a<-4$ 또는 $a>0$

정답과 해설 54쪽

문제

02-**1**　방정식 $x^3-3x-a=0$의 근이 다음과 같도록 하는 실수 a의 값 또는 범위를 구하시오.

(1) 서로 다른 세 실근　　　　(2) 서로 다른 두 실근　　　　(3) 한 개의 실근

방정식의 실근의 부호

유형편 49쪽

방정식 $2x^3-3x^2-12x-a=0$의 근이 다음과 같도록 하는 실수 a의 값의 범위를 구하시오.

(1) 서로 다른 두 개의 음의 실근과 한 개의 양의 실근

(2) 한 개의 음의 실근과 서로 다른 두 개의 양의 실근

공략 Point

방정식 $f(x)=a$의 양의 실근은 함수 $y=f(x)$의 그래프와 직선 $y=a$가 y축의 오른쪽에서 만나는 점의 x좌표이고, 음의 실근은 y축의 왼쪽에서 만나는 점의 x좌표임을 이용한다.

풀이

주어진 방정식에서 $2x^3-3x^2-12x=a$이므로 이 방정식의 실근은 함수 $y=2x^3-3x^2-12x$의 그래프와 직선 $y=a$의 교점의 x좌표와 같다.

$f(x)=2x^3-3x^2-12x$라 하면	$f'(x)=6x^2-6x-12=6(x+1)(x-2)$
$f'(x)=0$인 x의 값은	$x=-1$ 또는 $x=2$

함수 $f(x)$의 증가와 감소를 표로 나타내면 오른쪽과 같다.

x	$\cdots$	-1	$\cdots$	2	$\cdots$
$f'(x)$	$+$	0	$-$	0	$+$
$f(x)$	$\nearrow$	7 극대	$\searrow$	-20 극소	$\nearrow$

함수 $y=f(x)$의 그래프는 오른쪽 그림과 같으므로 직선 $y=a$를 그어 보면 구하는 a의 값의 범위는

(1) $0<a<7$

(2) $-20<a<0$

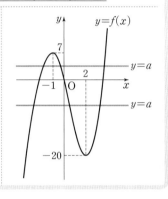

정답과 해설 55쪽

문제

03-**1** 방정식 $x^3-3x^2-9x+2-a=0$의 근이 다음과 같도록 하는 실수 a의 값의 범위를 구하시오.

(1) 서로 다른 두 개의 음의 실근과 한 개의 양의 실근

(2) 한 개의 음의 실근과 서로 다른 두 개의 양의 실근

03-**2** 방정식 $2x^4-4x^2-a=0$의 근이 다음과 같도록 하는 실수 a의 값의 범위를 구하시오.

(1) 한 개의 음의 실근과 한 개의 양의 실근

(2) 서로 다른 두 개의 음의 실근과 서로 다른 두 개의 양의 실근

부등식에의 활용

1 모든 실수에 대하여 성립하는 부등식의 증명

(1) 모든 실수 x에 대하여 부등식 $f(x)>0$이 성립한다.

➡ 함수 $f(x)$에 대하여 $(f(x)$의 최솟값$)>0$임을 보인다.

(2) 모든 실수 x에 대하여 부등식 $f(x)<0$이 성립한다.

➡ 함수 $f(x)$에 대하여 $(f(x)$의 최댓값$)<0$임을 보인다.

예 모든 실수 x에 대하여 부등식 $3x^4-4x^3+1\geq0$이 성립함을 증명해 보자.

$f(x)=3x^4-4x^3+1$이라 하면

$f'(x)=12x^3-12x^2=12x^2(x-1)$

$f'(x)=0$인 x의 값은 $x=0$ 또는 $x=1$

함수 $f(x)$의 증가와 감소를 표로 나타내면 오른쪽과 같다.

이때 함수 $f(x)$의 최솟값은 0이므로 모든 실수 x에 대하여 $f(x)\geq0$

따라서 모든 실수 x에 대하여 부등식 $3x^4-4x^3+1\geq0$이 성립한다.

x	$\cdots$	0	$\cdots$	1	$\cdots$
$f'(x)$	$-$	0	$-$	0	$+$
$f(x)$	$\searrow$	1	$\searrow$	0 극소	$\nearrow$

2 주어진 구간에서 성립하는 부등식의 증명

$x>a$에서 부등식 $f(x)>0$이 성립함을 증명할 때

(1) 함수 $f(x)$의 최솟값이 존재하면

➡ $x>a$에서 $(f(x)$의 최솟값$)>0$임을 보인다.

(2) 함수 $f(x)$의 최솟값이 존재하지 않으면

➡ $x>a$에서 함수 $f(x)$가 증가하고 $f(a)\geq0$임을 보인다.

예 (1) $x>0$일 때, 부등식 $2x^4-4x^2+3>0$이 성립함을 증명해 보자.

$f(x)=2x^4-4x^2+3$이라 하면

$f'(x)=8x^3-8x=8x(x+1)(x-1)$

$f'(x)=0$인 x의 값은 $x=1$ $(\because x>0)$

$x>0$에서 함수 $f(x)$의 증가와 감소를 표로 나타내면 오른쪽과 같다.

이때 $x>0$에서 함수 $f(x)$의 최솟값은 1이므로 $x>0$에서 $f(x)>0$

따라서 $x>0$일 때, 부등식 $2x^4-4x^2+3>0$이 성립한다.

x	0	$\cdots$	1	$\cdots$
$f'(x)$		$-$	0	$+$
$f(x)$		$\searrow$	1 극소	$\nearrow$

(2) $x>0$일 때, 부등식 $2x^3-6x^2+7x+2>0$이 성립함을 증명해 보자.

$f(x)=2x^3-6x^2+7x+2$라 하면

$f'(x)=6x^2-12x+7=6(x-1)^2+1$

$f'(x)>0$이므로 함수 $f(x)$는 증가하고 $f(0)=2>0$이므로 $x>0$에서 $f(x)>0$

따라서 $x>0$일 때, 부등식 $2x^3-6x^2+7x+2>0$이 성립한다.

모든 실수에 대하여 성립하는 부등식

✑ 유형편 50쪽

필.수.예.제
04

모든 실수 x에 대하여 부등식 $3x^4-8x^3+a>0$이 성립하도록 하는 상수 a의 값의 범위를 구하시오.

공략 Point

모든 실수 x에 대하여 부등식 $f(x)>0$이 성립하려면 $(f(x)$의 최솟값$)>0$이어야 한다.

풀이

$f(x)=3x^4-8x^3+a$라 하면	$f'(x)=12x^3-24x^2=12x^2(x-2)$
$f'(x)=0$인 x의 값은	$x=0$ 또는 $x=2$

함수 $f(x)$의 증가와 감소를 표로 나타내면 오른쪽과 같다.

x	$\cdots$	0	$\cdots$	2	$\cdots$
$f'(x)$	$-$	0	$-$	0	$+$
$f(x)$	$\searrow$	a	$\searrow$	$a-16$ 극소	$\nearrow$

따라서 함수 $f(x)$의 최솟값은 $a-16$이므로 모든 실수 x에 대하여 $f(x)>0$이 성립하려면

$a-16>0$

$\therefore a>16$

정답과 해설 55쪽

문제

04-**1** 모든 실수 x에 대하여 부등식 $x^4-4x+3\geq0$이 성립함을 보이시오.

04-**2** 모든 실수 x에 대하여 부등식 $x^4-4x^3+4x^2-a\geq0$이 성립하도록 하는 상수 a의 값의 범위를 구하시오.

04-**3** 두 함수 $f(x)=x^4+2x^2-5x$, $g(x)=-x^2-15x+a$에 대하여 함수 $y=f(x)$의 그래프가 함수 $y=g(x)$의 그래프보다 항상 위쪽에 있도록 하는 상수 a의 값의 범위를 구하시오.

주어진 구간에서 성립하는 부등식

📎 유형편 **50쪽**

다음 물음에 답하시오.

(1) $x>0$일 때, 부등식 $2x^3-6x^2+a>0$이 성립하도록 하는 상수 a의 값의 범위를 구하시오.

(2) $x>3$일 때, 부등식 $x^3-6x^2+9x+a>0$이 성립하도록 하는 상수 a의 값의 범위를 구하시오.

공략 Point

$x>a$에서 부등식 $f(x)>0$
이 성립하려면

(1) 함수 $f(x)$의 최솟값이 존재할 때
➡ ($f(x)$의 최솟값)>0
이어야 한다.

(2) 함수 $f(x)$의 최솟값이 존재하지 않을 때
➡ $x>a$에서 $f(x)$가 증가하고 $f(a)\geq0$이어야 한다.

풀이

(1) $f(x)=2x^3-6x^2+a$라 하면 | $f'(x)=6x^2-12x=6x(x-2)$

$f'(x)=0$인 x의 값은 | $x=2$ ($\because x>0$)

$x>0$에서 함수 $f(x)$의 증가와 감소를 표로 나타내면 오른쪽과 같다.

x	0	$\cdots$	2	$\cdots$
$f'(x)$		$-$	0	$+$
$f(x)$		$\searrow$	$a-8$ 극소	$\nearrow$

따라서 $x>0$에서 함수 $f(x)$의 최솟값은 $a-8$
이므로 $x>0$일 때 $f(x)>0$이 성립하려면 | $a-8>0$ ∴ $a>8$

(2) $f(x)=x^3-6x^2+9x+a$라 하면 | $f'(x)=3x^2-12x+9=3(x-1)(x-3)$

$x>3$일 때, $f'(x)>0$이므로 | 함수 $f(x)$는 $x>3$에서 증가한다.

따라서 $x>3$일 때 $f(x)>0$이 성립하려면
$f(3)\geq0$이어야 하므로 | $27-54+27+a\geq0$ ∴ $a\geq0$

정답과 해설 56쪽

문제

05-1 다음 물음에 답하시오.

(1) $x\geq1$일 때, 부등식 $x^3-3x^2+a\geq0$이 성립하도록 하는 상수 a의 값의 범위를 구하시오.

(2) $2<x<4$일 때, 부등식 $x^3+x^2-4x<x^2+8x-a$가 성립하도록 하는 상수 a의 값의 범위를 구하시오.

05-2 두 함수 $f(x)=-2x^2+2x+a$, $g(x)=x^3-2x^2-x+3$에 대하여 구간 $[0,\ 2]$에서 $f(x)<g(x)$가 성립하도록 하는 상수 a의 값의 범위를 구하시오.

연습문제

1 방정식 $2x^3+5x^2-4x+1=0$의 서로 다른 실근의 개수를 구하시오.

2 방정식 $3x^4+4x^3-12x^2+a=0$이 서로 다른 네 실근을 갖도록 하는 정수 a의 개수는?

① 2   ② 3   ③ 4
④ 5   ⑤ 6

3 두 곡선 $y=x^3+3x^2-x-5$, $y=-3x^2-x+a$가 서로 다른 두 점에서 만나도록 하는 양수 a의 값을 구하시오.

4 실수 k에 대하여 방정식 $x^3-6x^2+15=k$의 서로 다른 실근의 개수를 $f(k)$라 하자. 함수 $f(k)$가 $k=a$에서 불연속이 되도록 하는 모든 상수 a의 값의 합은?

① -2 ② 0   ③ 2
④ 4   ⑤ 6

5 함수 $f(x)=3x^3-9x-1$에 대하여 방정식 $|f(x)|=k$가 서로 다른 네 실근을 갖도록 하는 정수 k의 값은?

① 3   ② 4   ③ 5
④ 6   ⑤ 7

6 방정식 $5x^3+2x^2-8x=3x^3-x^2+4x+k$의 세 실근을 α, β, γ라 할 때, $\alpha<\beta<0<\gamma$를 만족시키는 실수 k의 값의 범위를 구하시오.

7 모든 실수 x에 대하여 부등식
$$x^4+6x^3-x^2-9x \geq 2x^3-x^2+7x-a$$
가 성립하도록 하는 상수 a의 최솟값을 구하시오.

평가원

8 두 함수 $f(x)=x^3+3x^2-k$, $g(x)=2x^2+3x-10$에 대하여 부등식 $f(x) \geq 3g(x)$가 닫힌구간 $[-1, 4]$에서 항상 성립하도록 하는 실수 k의 최댓값을 구하시오.

연습문제

9 $-2 \leq x \leq 0$일 때, 부등식
$$|3x^4-4x^3-12x^2+k|<20$$
이 성립하도록 하는 정수 k의 개수는?

① 1   ② 2   ③ 3

④ 4   ⑤ 5

실력

10 점 $(-2, k)$에서 곡선 $y=-x^3+2x$에 서로 다른 세 접선을 그을 수 있도록 하는 k의 값의 범위를 구하시오.

11 최고차항의 계수가 1인 삼차함수 $f(x)$가 다음 조건을 모두 만족시킬 때, $f(3)$의 값을 구하시오.

> ㉮ 함수 $f(x)$는 $x=0$에서 극댓값 3을 갖는다.
> ㉯ 방정식 $|f(x)|=1$의 서로 다른 실근의 개수는 5이다.

12 삼차함수 $f(x)$와 사차함수 $g(x)$의 도함수 $y=f'(x)$, $y=g'(x)$의 그래프가 다음 그림과 같다. $h(x)=f(x)-g(x)$라 할 때, 보기 중 옳은 것만을 있는 대로 고른 것은?

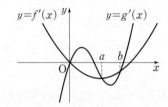

┌ 보기 ┐
> ㄱ. $0<x<a$에서 함수 $h(x)$는 증가한다.
> ㄴ. 함수 $h(x)$는 $x=b$에서 극솟값을 갖는다.
> ㄷ. $h(0)h(b)<0$일 때, 방정식 $h(x)=0$의 서로 다른 실근의 개수는 2이다.

① ㄴ   ② ㄷ   ③ ㄱ, ㄴ

④ ㄱ, ㄷ   ⑤ ㄴ, ㄷ

수능

13 다음 조건을 만족시키는 모든 삼차함수 $f(x)$에 대하여 $f(2)$의 최솟값은?

> ㉮ $f(x)$의 최고차항의 계수는 1이다.
> ㉯ $f(0)=f'(0)$
> ㉲ $x \geq -1$인 모든 실수 x에 대하여
> $f(x) \geq f'(x)$이다.

① 28   ② 33   ③ 38

④ 43   ⑤ 48

속도와 가속도

1 수직선 위를 움직이는 점의 속도와 가속도

점 P가 수직선 위를 움직일 때, 시각 t에서의 점 P의 위치를 x라 하면 x는 t의 함수이므로
$x=f(t)$로 나타낼 수 있다.

(1) 평균 속도

시각이 t에서 $t+\Delta t$까지 변할 때의 점 P의 평균 속도는

$$\frac{\Delta x}{\Delta t}=\frac{f(t+\Delta t)-f(t)}{\Delta t}$$

이는 함수 $x=f(t)$의 평균변화율이다.

(2) 속도와 속력

시각 t에서의 위치 x의 순간변화율을 시각 t에서의 점 P의 속도라 한다.

즉, 속도 v는

$$v=\lim_{\Delta t \to 0}\frac{\Delta x}{\Delta t}=\lim_{\Delta t \to 0}\frac{f(t+\Delta t)-f(t)}{\Delta t}=\frac{dx}{dt}=f'(t)$$

이때 속도의 절댓값 $|v|$를 시각 t에서의 점 P의 속력이라 한다.

(3) 가속도

시각 t에서의 속도 v의 순간변화율을 시각 t에서의 점 P의 가속도라 한다.

즉, 가속도 a는

$$a=\lim_{\Delta t \to 0}\frac{\Delta v}{\Delta t}=\frac{dv}{dt}$$

수직선 위를 움직이는 점 P의 시각 t에서의 위치 x가 $x=f(t)$일 때,
시각 t에서의 점 P의 속도 v와 가속도 a는

$$v=\frac{dx}{dt}=f'(t)$$

$$a=\frac{dv}{dt}$$

예 수직선 위를 움직이는 점 P의 시각 t에서의 위치 x가 $x=t^3+2t^2-t+1$일 때, 시각 $t=1$에서의 속도
와 가속도를 구해 보자.

시각 t에서의 점 P의 속도를 v, 가속도를 a라 하면

$$v=\frac{dx}{dt}=3t^2+4t-1$$

$$a=\frac{dv}{dt}=6t+4$$

이때 시각 $t=1$에서의 점 P의 속도와 가속도를 구하면

$$v=3+4-1=6$$

$$a=6+4=10$$

참고 • v는 속도를 뜻하는 velocity의 첫 글자이고, a는 가속도를 뜻하는 acceleration의 첫 글자이다.

• 수직선 위를 움직이는 점 P의 시각 t에서의 속도 v의 부호는 점 P의 운동 방향을 나타낸다. 즉,

(1) $v>0$이면 점 P는 양의 방향으로 움직인다.

(2) $v<0$이면 점 P는 음의 방향으로 움직인다.

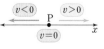

(3) $v=0$이면 점 P는 운동 방향을 바꾸거나 정지한다.

2 시각에 대한 길이, 넓이, 부피의 변화율

시각 t에서의 길이가 l, 넓이가 S, 부피가 V인 각각의 도형에서 시간이 Δt만큼 경과한 후 길이가 Δl만큼, 넓이가 ΔS만큼, 부피가 ΔV만큼 변할 때

(1) 시각 t에서의 길이 l의 변화율은

$$\lim_{\Delta t \to 0} \frac{\Delta l}{\Delta t} = \frac{dl}{dt}$$

(2) 시각 t에서의 넓이 S의 변화율은

$$\lim_{\Delta t \to 0} \frac{\Delta S}{\Delta t} = \frac{dS}{dt}$$

(3) 시각 t에서의 부피 V의 변화율은

$$\lim_{\Delta t \to 0} \frac{\Delta V}{\Delta t} = \frac{dV}{dt}$$

@ 밑면이 한 변의 길이가 1인 정사각형이고 높이가 5인 직육면체의 밑면의 한 변의 길이가 매시각 2씩 늘어날 때, 시각 t에서의 밑면의 한 변의 길이의 변화율, 밑면의 넓이의 변화율, 직육면체의 부피의 변화율을 구해 보자.

시각 t에서의 직육면체의 밑면의 한 변의 길이를 l, 밑면의 넓이를 S, 직육면체의 부피를 V라 하면

$l = 1 + 2t$, $S = (1 + 2t)^2 = 4t^2 + 4t + 1$, $V = 5(4t^2 + 4t + 1) = 20t^2 + 20t + 5$

(1) 시각 t에서의 길이 l의 변화율은

$$\frac{dl}{dt} = (1 + 2t)' = 2$$

(2) 시각 t에서의 넓이 S의 변화율은

$$\frac{dS}{dt} = (4t^2 + 4t + 1)' = 8t + 4$$

(3) 시각 t에서의 부피 V의 변화율은

$$\frac{dV}{dt} = (20t^2 + 20t + 5)' = 40t + 20$$

개념 CHECK

정답과 해설 60쪽

1 수직선 위를 움직이는 점 P의 시각 t에서의 위치 x가 다음과 같을 때, 시각 $t = 2$에서의 점 P의 속도와 가속도를 구하시오.

(1) $x = -3t^2 + 7t$

(2) $x = t^3 - 2t^2 - 4t + 1$

2 수직선 위를 움직이는 점 P의 시각 t에서의 위치 x가 $x = -2t^2 + 4t + 6$일 때, 다음을 구하시오.

(1) 점 P의 위치가 0이 되는 시각

(2) 점 P의 속도가 0이 되는 시각

수직선 위를 움직이는 점의 속도와 가속도

유형편 52쪽

필.수.예.제 01

다음 물음에 답하시오.

(1) 수직선 위를 움직이는 점 P의 시각 t에서의 위치 x가 $x=t^3-9t^2+18t$일 때, 점 P가 출발 후 처음으로 원점을 지나는 순간의 가속도를 구하시오.

(2) 수직선 위를 움직이는 두 점 P, Q의 시각 t에서의 위치가 각각 $f(t)=t^3-8t+5$, $g(t)=-3t^2+16t-10$일 때, 두 점 P, Q의 속도가 같아지는 순간의 두 점 P, Q 사이의 거리를 구하시오.

공략 Point

수직선 위를 움직이는 점 P의 시각 t에서의 위치 x가 $x=f(t)$일 때, 시각 t에서의 점 P의 속도 v와 가속도 a는
$$v=\frac{dx}{dt}, \ a=\frac{dv}{dt}$$

풀이

(1) 시각 t에서의 점 P의 속도를 v, 가속도를 a라 하면	$v=\dfrac{dx}{dt}=3t^2-18t+18, \ a=\dfrac{dv}{dt}=6t-18$
점 P가 원점을 지나면 위치가 0이므로 $x=0$에서	$t^3-9t^2+18t=0, \ t(t-3)(t-6)=0$ $\therefore \ t=3$ 또는 $t=6 \ (\because t>0)$
즉, 처음으로 원점을 지나는 시각은 $t=3$ 이므로 그때의 가속도는	$a=18-18=\mathbf{0}$
(2) 시각 t에서의 두 점 P, Q의 속도는 각각	$f'(t)=3t^2-8, \ g'(t)=-6t+16$
두 점 P, Q의 속도가 같으면 $f'(t)=g'(t)$ 에서	$3t^2-8=-6t+16, \ t^2+2t-8=0$ $(t+4)(t-2)=0 \qquad \therefore \ t=2 \ (\because t>0)$
$t=2$에서의 두 점 P, Q의 위치는 각각	$f(2)=8-16+5=-3$ $g(2)=-12+32-10=10$
따라서 구하는 두 점 사이의 거리는	$\lvert 10-(-3)\rvert=\mathbf{13}$

정답과 해설 60쪽

문제

01-1 수직선 위를 움직이는 점 P의 시각 t에서의 위치 x가 $x=t^3-4t^2-5t$일 때, 점 P가 출발 후 원점을 지나는 순간의 속도를 구하시오.

01-2 수직선 위를 움직이는 점 P의 시각 t에서의 위치 x가 $x=-t^3+20t-10$일 때, 점 P의 속도가 -28이 되는 순간의 가속도를 구하시오.

01-3 수직선 위를 움직이는 두 점 P, Q의 시각 t에서의 위치가 각각 $f(t)=3t^3-2t^2-8t$, $g(t)=t^3+4t^2+10t$일 때, 두 점 P, Q의 속도가 같아지는 순간의 두 점 P, Q 사이의 거리를 구하시오.

수직선 위를 움직이는 점의 운동 방향

필.수.예.제
02

다음 물음에 답하시오.

(1) 수직선 위를 움직이는 점 P의 시각 t에서의 위치 x가 $x=t^3-3t^2-9t$일 때, 점 P가 출발 후 운동 방향을 바꾸는 순간의 가속도를 구하시오.

(2) 수직선 위를 움직이는 두 점 P, Q의 시각 t에서의 위치가 각각 $f(t)=t^2-2t$, $g(t)=2t^2-12t$ 일 때, 두 점 P, Q가 서로 반대 방향으로 움직이는 t의 값의 범위를 구하시오.

공략 Point

(1) 운동 방향을 바꾸는 순간 의 속도는 0이다.
(2) 두 점이 서로 반대 방향으 로 움직이면 속도의 부호 는 서로 반대이다.

풀이

(1) 시각 t에서의 점 P의 속도를 v, 가속도를 a라 하면	$v=\dfrac{dx}{dt}=3t^2-6t-9,\ a=\dfrac{dv}{dt}=6t-6$
점 P가 운동 방향을 바꾸는 순간의 속도는 0이므로 $v=0$에서	$3t^2-6t-9=0,\ t^2-2t-3=0$ $(t+1)(t-3)=0$　∴ $t=3\ (\because t>0)$
따라서 $t=3$에서의 가속도는	$a=18-6=\mathbf{12}$

(2) 시각 t에서의 두 점 P, Q의 속도는 각각	$f'(t)=2t-2,\ g'(t)=4t-12$
두 점이 서로 반대 방향으로 움직이면 속도의 부호는 서로 반대이므로 $f'(t)g'(t)<0$에서	$(2t-2)(4t-12)<0,\ (t-1)(t-3)<0$ ∴ $\mathbf{1<t<3}$

정답과 해설 60쪽

문제

02-1 수직선 위를 움직이는 점 P의 시각 t에서의 위치 x가 $x=-t^3+6t^2$일 때, 점 P가 출발 후 운동 방향을 바꾸는 순간의 가속도를 구하시오.

02-2 수직선 위를 움직이는 두 점 P, Q의 시각 t에서의 위치가 각각 $f(t)=2t^3-6t^2+1$, $g(t)=t^2-8t$ 일 때, 두 점 P, Q가 서로 반대 방향으로 움직이는 t의 값의 범위를 구하시오.

02-3 수직선 위를 움직이는 점 P의 시각 t에서의 위치 x가 $x=t^3+at^2+bt$이다. 점 P가 $t=1$에서 운동 방향을 바꾸고 그때의 위치는 0일 때, 점 P가 $t=1$ 이외에 운동 방향을 바꾸는 순간의 가속도를 구하시오. (단, a, b는 상수)

위로 던진 물체의 속도와 가속도

🔖 유형편 53쪽

필.수.예.제 03

지면에서 40 m/s의 속도로 지면에 수직으로 쏘아 올린 물체의 t초 후의 높이를 x m라 하면 $x=40t-5t^2$인 관계가 성립할 때, 다음을 구하시오.

(1) 물체의 최고 높이
(2) 물체가 지면에 떨어지는 순간의 속도

공략 Point

(1) 물체가 최고 높이에 도달 할 때 운동 방향이 바뀌므 로 속도는 0이다.
(2) 물체가 지면에 떨어질 때 의 높이는 0이다.

풀이

물체의 t초 후의 속도를 v m/s라 하면	$v=\dfrac{dx}{dt}=40-10t$
(1) 물체가 최고 높이에 도달할 때의 속도는 0 이므로 $v=0$에서	$40-10t=0$ $\therefore t=4$
따라서 $t=4$에서의 높이는	$x=160-80=\mathbf{80(m)}$
(2) 물체가 지면에 떨어질 때의 높이는 0이므 로 $x=0$에서	$40t-5t^2=0,\ -5t(t-8)=0$ $\therefore t=8\ (\because t>0)$
따라서 $t=8$에서의 속도는	$v=40-80=\mathbf{-40(m/s)}$

정답과 해설 61쪽

문제

03-1 지면으로부터 25 m의 높이에서 20 m/s의 속도로 지면에 수직으로 쏘아 올린 물 로켓의 t초 후의 높이를 x m라 하면 $x=25+20t-5t^2$인 관계가 성립할 때, 다음을 구하시오.

(1) 물 로켓의 최고 높이
(2) 물 로켓이 지면에 떨어지는 순간의 속도

03-2 지면으로부터 30 m의 높이에서 a m/s의 속도로 지면에 수직으로 쏘아 올린 물체의 t초 후의 높이를 x m라 하면 $x=30+at+bt^2$인 관계가 성립할 때, 물체가 최고 높이에 도달할 때까지 걸린 시간은 3초이고 그때의 높이는 75 m이다. 이때 상수 a, b에 대하여 ab의 값을 구하시오.

그래프에서의 위치와 속도

유형편 53쪽

필.수.예.제 04

수직선 위를 움직이는 점 P의 시각 t에서의 위치 $x(t)$의 그래프가 오른쪽 그림과 같을 때, 다음 보기 중 옳은 것만을 있는 대로 고르시오.

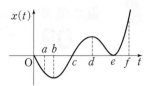

• 보기 •

ㄱ. $t=a$일 때와 $t=c$일 때 운동 방향이 서로 반대이다.

ㄴ. $t=b$에서 운동 방향을 바꾼다.

ㄷ. $t=d$에서의 속도는 0이다.

ㄹ. $0<t<f$에서 원점을 한 번만 지난다.

공략 Point

위치의 그래프에서 시각 $t=a$에서의 속도는 $t=a$인 점에서의 접선의 기울기와 같다.

풀이

ㄱ. $t=a$인 점에서의 접선의 기울기는 음수이므로	$v<0$
$t=c$인 점에서의 접선의 기울기는 양수이므로	$v>0$
$t=a$일 때와 $t=c$일 때 속도의 부호가 서로 반대이므로	운동 방향이 서로 반대이다.
ㄴ. $t=b$인 점에서의 접선의 기울기는 0이고 좌우에서 접선의 기울기의 부호가 바뀌므로	$t=b$에서 운동 방향을 바꾼다.
ㄷ. $t=d$인 점에서의 접선의 기울기는 0이므로	$t=d$에서의 속도는 0이다.
ㄹ. $t=c$, $t=e$에서 위치 x가 0이므로	$0<t<f$에서 원점을 두 번 지난다.
따라서 보기 중 옳은 것은	ㄱ, ㄴ, ㄷ

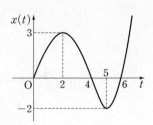

정답과 해설 61쪽

문제

04-1 수직선 위를 움직이는 점 P의 시각 t에서의 위치 $x(t)$의 그래프가 오른쪽 그림과 같을 때, 다음 보기 중 옳은 것만을 있는 대로 고르시오.

• 보기 •

ㄱ. $0<t<2$에서 속도는 증가한다.

ㄴ. $t=2$에서 $t=5$까지 위치의 변화량은 -5이다.

ㄷ. $t=4$일 때 원점을 지난다.

ㄹ. $0<t<6$에서 운동 방향을 두 번 바꾼다.

시각에 대한 길이의 변화율

유형편 54쪽

필.수.예.제 05

오른쪽 그림과 같이 키가 1.6 m인 학생이 높이가 4.8 m인 가로등 바로 밑에서 출발하여 매초 0.8 m의 일정한 속도로 일직선으로 걸을 때, 다음을 구하시오.

(1) 그림자 끝이 움직이는 속도
(2) 그림자의 길이의 변화율

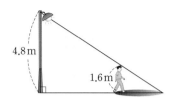

공략 Point

길이를 시각 t에 대한 식으로 나타낸 후 미분하여 변화율을 구한다.

풀이

학생이 0.8 m/s의 속도로 움직이므로 t초 동안 움직이는 거리는	$0.8t$ m
t초 후 가로등 바로 밑에서 학생의 그림자 끝까지의 거리를 x m라 하면 오른쪽 그림에서 △ABC∽△DEC이므로	$4.8 : x = 1.6 : (x-0.8t)$ $1.6x = 4.8x - 3.84t$ $3.2x = 3.84t$ $\therefore x = 1.2t$

(도형에서: A, 4.8 m, B, 0.8t m, E, x m, C, D, 1.6 m)

(1) 그림자 끝이 움직이는 속도를 v m/s라 하면	$v = \dfrac{dx}{dt} = \mathbf{1.2(m/s)}$
(2) 그림자의 길이를 l m라 하면 $l = \overline{CE}$이므로	$l = \overline{BC} - \overline{BE}$ $\quad = x - 0.8t$ $\quad = 1.2t - 0.8t = 0.4t$
따라서 그림자의 길이의 변화율은	$\dfrac{dl}{dt} = \mathbf{0.4(m/s)}$

정답과 해설 61쪽

문제

05-1 오른쪽 그림과 같이 키가 1.5 m인 사람이 높이가 2.5 m인 가로등 바로 밑에서 출발하여 매초 2 m의 일정한 속도로 일직선으로 걸을 때, 다음을 구하시오.

(1) 그림자 끝이 움직이는 속도
(2) 그림자의 길이의 변화율

시각에 대한 넓이, 부피의 변화율

유형편 **54쪽**

필.수.예.제

06

반지름의 길이가 $2\,cm$인 구 모양의 풍선의 반지름의 길이가 매초 $2\,mm$씩 늘어나도록 공기를 넣으려고 한다. 공기를 넣기 시작하여 반지름의 길이가 $3\,cm$가 되었을 때, 다음을 구하시오.

(1) 풍선의 겉넓이의 변화율　　　　　　　　(2) 풍선의 부피의 변화율

공략 Point

넓이와 부피를 시각 t에 대한 식으로 나타낸 후 미분하여 변화율을 구한다.

풀이

반지름의 길이가 매초 $2\,mm$, 즉 $0.2\,cm$씩 늘어나므로 t초 후의 풍선의 반지름의 길이를 $r\,cm$라 하면	$r=2+0.2t$
풍선의 반지름의 길이가 $3\,cm$가 될 때의 시각은	$2+0.2t=3$　　$\therefore t=5$
(1) 풍선의 겉넓이를 $S\,cm^2$라 하면	$S=4\pi r^2=4\pi(2+0.2t)^2$
시각 t에 대한 겉넓이 S의 변화율은	$\dfrac{dS}{dt}=4\pi\times2(2+0.2t)\times0.2=1.6\pi(2+0.2t)$
따라서 $t=5$에서의 겉넓이의 변화율은	$1.6\pi(2+1)=\mathbf{4.8\pi(cm^2/s)}$
(2) 풍선의 부피를 $V\,cm^3$라 하면	$V=\dfrac{4}{3}\pi r^3=\dfrac{4}{3}\pi(2+0.2t)^3$
시각 t에 대한 부피 V의 변화율은	$\dfrac{dV}{dt}=\dfrac{4}{3}\pi\times3(2+0.2t)^2\times0.2=0.8\pi(2+0.2t)^2$
따라서 $t=5$에서의 부피의 변화율은	$0.8\pi(2+1)^2=\mathbf{7.2\pi(cm^3/s)}$

정답과 해설 61쪽

문제

06-1　밑면의 반지름의 길이가 10, 높이가 20인 원기둥의 밑면의 반지름의 길이가 매시각 1씩 늘어난다고 한다. 밑면의 반지름의 길이가 12가 되었을 때, 다음을 구하시오.

(1) 원기둥의 겉넓이의 변화율　　　　　　　(2) 원기둥의 부피의 변화율

06-2　오른쪽 그림과 같이 좌표평면 위에서 점 A는 원점 O를 출발하여 x축의 양의 방향으로 매초 3의 속도로 움직이고, 점 B는 원점 O를 출발하여 y축의 양의 방향으로 매초 2의 속도로 움직인다. 두 점 A, B가 동시에 출발한 지 5초 후의 선분 AB를 한 변으로 하는 정사각형의 넓이의 변화율을 구하시오.

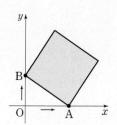

연습문제

05 속도와 가속도

1 수직선 위를 움직이는 점 P의 시각 t에서의 위치 x가 $x=-t^3+6t^2+3t$일 때, 점 P의 속도가 최대일 때의 시각을 구하시오.

2 직선 도로를 달리고 있는 어떤 자동차가 브레이크를 밟은 후 t초 동안 움직인 거리를 x m라 하면 $x=24t-3t^2$인 관계가 성립할 때, 브레이크를 밟은 후 자동차가 정지할 때까지 움직인 거리는?

① 42 m   ② 44 m   ③ 46 m
④ 48 m   ⑤ 50 m

3 수직선 위를 움직이는 두 점 P, Q의 시각 t에서의 위치가 각각

$$f(t)=-t^2+6t,\ g(t)=t^3+\frac{7}{2}t^2-6t+\frac{1}{2}$$

일 때, 두 점 P, Q의 속도가 같아지는 시각을 $t=a$, 그때의 두 점 P, Q 사이의 거리를 b라 하자. 이때 $a+b$의 값을 구하시오.

4 수직선 위를 움직이는 점 P의 시각 t에서의 위치 x가 $x=t^3-12t^2+36t-15$일 때, 점 P가 두 번째로 운동 방향을 바꾸는 시각은?

① 3   ② 4   ③ 5
④ 6   ⑤ 7

평가원

5 수직선 위를 움직이는 점 P의 시각 $t\,(t\geq0)$에서의 위치 x가

$$x=t^3+at^2+bt\,(a,\ b\text{는 상수})$$

이다. 시각 $t=1$에서 점 P가 운동 방향을 바꾸고, 시각 $t=2$에서 점 P의 가속도는 0이다. $a+b$의 값은?

① 3   ② 4   ③ 5
④ 6   ⑤ 7

6 지면에서 30 m/s의 속도로 지면에 수직으로 쏘아 올린 물체의 t초 후의 높이를 x m라 하면 $x=30t-5t^2$인 관계가 성립할 때, 물체가 최고 높이에 도달할 때까지 걸린 시간을 a초, 그때의 높이를 b m라 하자. 이때 $b-a$의 값은?

① 36   ② 39   ③ 42
④ 45   ⑤ 48

7 수직선 위를 움직이는 점 P의 시각 t에서의 위치 $x(t)$의 그래프가 오른쪽 그림과 같을 때, 다음 보기 중 옳은 것만을 있는 대로 고르시오.

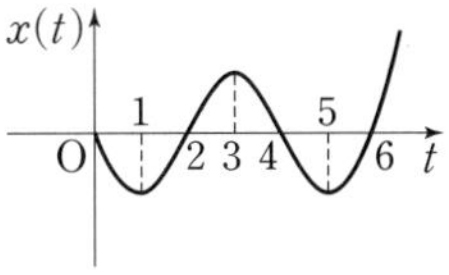

─● 보기 ●─
ㄱ. 운동 방향을 처음으로 바꾸는 시각은 $t=2$이다.
ㄴ. $t=4$에서의 속도는 0이다.
ㄷ. $t=6$일 때 원점을 지난다.
ㄹ. $0<t<6$에서 출발할 때와 같은 방향으로 움직이는 총 시간은 3이다.

연습문제

8 키가 1.6 m인 사람이 높이가 4 m인 가로등 바로 밑에서 출발하여 매초 1.5 m의 일정한 속도로 일직 선으로 걸을 때, 이 사람의 그림자의 길이의 변화율 을 구하시오.

9 오른쪽 그림과 같이 반지름의 길 이가 10 cm인 반구 모양의 그릇 에 수면의 높이가 매초 1 cm씩 높아지도록 물을 채울 때, 2초 후의 수면의 넓이의 변화율을 구하시오.

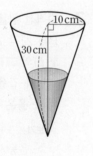

10 cm

10 오른쪽 그림과 같이 밑면의 반 지름의 길이가 10 cm, 높이가 30 cm인 원뿔 모양의 그릇에 매 초 1 cm의 속도로 수면이 상승 하도록 물을 넣을 때, 수면의 높 이가 6 cm가 될 때의 물의 부피 의 변화율은?

10 cm
30 cm

① $4\pi \text{ cm}^3/\text{s}$ ② $5\pi \text{ cm}^3/\text{s}$ ③ $6\pi \text{ cm}^3/\text{s}$
④ $7\pi \text{ cm}^3/\text{s}$ ⑤ $8\pi \text{ cm}^3/\text{s}$

실력

11 수직선 위를 움직이는 두 점 P, Q의 시각 t에서의 위치 x_P, x_Q가 $x_P = t^4 - 4t^3$, $x_Q = kt^2$일 때, 출발 후 두 점 P, Q의 가속도가 같아지는 순간이 2번이 되도록 하는 정수 k의 개수를 구하시오.

평가원

12 수직선 위를 움직이는 점 P의 시각 $t\,(t \geq 0)$에서의 위치 x가
$$x = t^3 - 5t^2 + at + 5$$
이다. 점 P가 움직이는 방향이 바뀌지 <u>않도록</u> 하는 자연수 a의 최솟값은?

① 9   ② 10   ③ 11
④ 12   ⑤ 13

13 오른쪽 그림과 같이 평평한 바 닥에 60°로 기울어진 경사면과 반지름의 길이가 0.5 m인 공이 있다. 이 공의 중심은 경사면 과 바닥이 만나는 점에서 바닥 에 수직으로 높이가 21 m인 위 치에 있다. 이 공을 자유 낙하시킬 때, t초 후의 공 의 중심의 높이를 $h(t)$ m라 하면 $h(t) = 21 - 5t^2$ 인 관계가 성립한다고 한다. 공이 경사면과 충돌하 는 순간의 공의 속도를 구하시오.
(단, 경사면의 두께와 공기의 저항은 무시한다.)

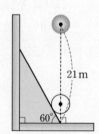

21 m
60°

Ⅲ

적분

1 부정적분

1 부정적분

(1) 함수 $F(x)$의 도함수가 $f(x)$일 때, 즉

$$F'(x)=f(x)$$

일 때, 함수 $F(x)$를 $f(x)$의 **부정적분**이라 하고, 기호로

$$\int f(x)\,dx$$

와 같이 나타낸다.

<kbd>예</kbd> $(x^3)'=3x^2$, $(x^3+1)'=3x^2$, $(x^3-2)'=3x^2$이므로 x^3, x^3+1, x^3-2는 모두 $3x^2$의 부정적분이다.

<kbd>참고</kbd> · 부정적분의 '부정(不定)'은 '어느 한 가지로 정할 수 없다.'는 뜻이다.

· 기호 $\int$은 sum의 첫 글자 s를 변형한 것으로 '적분' 또는 '인티그럴(integral)'이라 읽는다.

· $\int f(x)\,dx$에서 $f(x)$를 피적분함수, x를 적분변수라 한다.

(2) 함수 $f(x)$의 한 부정적분을 $F(x)$라 하면 $f(x)$의 임의의 부정적분은

$$F(x)+C\ (C는 상수)$$

와 같이 나타낼 수 있다. 이때 상수 C를 **적분상수**라 한다.

또 함수 $f(x)$의 부정적분을 구하는 것을 $f(x)$를 적분한다고 하고, 그 계산법을 적분법이라 한다.

> $F'(x)=f(x)$일 때,
>
> 부정적분
> $$\int f(x)\,dx=F(x)+C\ (단,\ C는 적분상수)$$
> 도함수

<kbd>예</kbd> · $(4x)'=4$이므로 $\int 4\,dx=4x+C$　　　· $(x^2)'=2x$이므로 $\int 2x\,dx=x^2+C$

<kbd>참고</kbd> $\int f(x)\,dx$에서 dx는 x에 대하여 적분한다는 뜻이므로 x 이외의 문자는 모두 상수로 생각한다.

2 부정적분과 미분의 관계

> (1) $\dfrac{d}{dx}\left\{\int f(x)\,dx\right\}=f(x)$
>
> (2) $\displaystyle\int\left\{\dfrac{d}{dx}f(x)\right\}dx=f(x)+C$ (단, C는 적분상수)

<kbd>예</kbd> (1) $\dfrac{d}{dx}\left\{\int(3x^2+2x)\,dx\right\}=3x^2+2x$　　　(2) $\displaystyle\int\left\{\dfrac{d}{dx}(3x^2+2x)\right\}dx=3x^2+2x+C$

<kbd>참고</kbd> (1) $f(x)\xrightarrow{\ 적분\ }F(x)+C\xrightarrow{\ 미분\ }f(x)$　　◀ 적분을 한 후 미분을 하면 적분상수가 없어지고 원래의 식이 된다.

(2) $f(x)\xrightarrow{\ 미분\ }f'(x)\xrightarrow{\ 적분\ }f(x)+C$　　◀ 미분을 한 후 적분을 하면 원래의 식에 적분상수 C가 붙는다.

<kbd>주의</kbd> $\dfrac{d}{dx}\left\{\int f(x)\,dx\right\}\neq\int\left\{\dfrac{d}{dx}f(x)\right\}dx$

부정적분

두 함수 $F(x)$, $G(x)$를 모두 $f(x)$의 부정적분이라 하면

$$F'(x)=f(x),\ G'(x)=f(x)$$

이므로 다음이 성립한다.

$$\{G(x)-F(x)\}'=G'(x)-F'(x)=f(x)-f(x)=0$$

이때 도함수가 0인 함수는 상수함수이므로 이 상수를 C라 하면

$$G(x)-F(x)=C \qquad \therefore G(x)=F(x)+C$$

따라서 함수 $f(x)$의 한 부정적분을 $F(x)$라 하면 $f(x)$의 임의의 부정적분은

$$F(x)+C\ (C\text{는 상수})$$

와 같이 나타낼 수 있다.

부정적분과 미분의 관계

(1) 함수 $F(x)$가 함수 $f(x)$의 부정적분이면

$$\int f(x)\,dx=F(x)+C\ (\text{단, } C\text{는 적분상수})$$

　양변을 x에 대하여 미분하면

$$\frac{d}{dx}\left\{\int f(x)\,dx\right\}=\frac{d}{dx}\{F(x)+C\} \qquad \therefore \frac{d}{dx}\left\{\int f(x)\,dx\right\}=f(x)$$

(2) $\displaystyle\int\left\{\frac{d}{dx}f(x)\right\}dx=F(x)$라 하고 양변을 x에 대하여 미분하면

$$\frac{d}{dx}f(x)=\frac{d}{dx}F(x) \qquad \therefore \frac{d}{dx}\{F(x)-f(x)\}=0$$

　도함수가 0이므로 $F(x)-f(x)=C\,(C\text{는 상수})$라 하면 $F(x)=f(x)+C$

$$\therefore \int\left\{\frac{d}{dx}f(x)\right\}dx=f(x)+C\ (\text{단, } C\text{는 적분상수})$$

개념 CHECK

정답과 해설 64쪽

1 다음 부정적분을 구하시오.

(1) $\displaystyle\int 2\,dx$

(2) $\displaystyle\int 3x^2\,dx$

(3) $\displaystyle\int 4x^3\,dx$

(4) $\displaystyle\int (-6x^5)\,dx$

2 다음 등식을 만족시키는 함수 $f(x)$를 구하시오. (단, C는 적분상수)

(1) $\displaystyle\int f(x)\,dx=5x+C$

(2) $\displaystyle\int f(x)\,dx=\frac{1}{2}x^2-3x+C$

(3) $\displaystyle\int f(x)\,dx=x^3+x+C$

(4) $\displaystyle\int f(x)\,dx=2x^5-3x^2+C$

3 함수 $f(x)=x^4-2x^3$에 대하여 다음을 구하시오.

(1) $\displaystyle\frac{d}{dx}\left\{\int f(x)\,dx\right\}$

(2) $\displaystyle\int\left\{\frac{d}{dx}f(x)\right\}dx$

부정적분의 정의

필.수.예.제
01

다음 물음에 답하시오.

(1) 다항함수 $f(x)$가 $\int f(x)\,dx=3x^2-5x+C$를 만족시킬 때, $f(2)$의 값을 구하시오.

(단, C는 적분상수)

(2) 등식 $\int (6x^2+ax-3)\,dx=bx^3+2x^2-cx+2$를 만족시키는 상수 a, b, c에 대하여 $a+b+c$의 값을 구하시오.

공략 Point

다항함수 $f(x)$가
$$\int f(x)\,dx=ax^2+bx+c$$
를 만족시키면
$$f(x)=(ax^2+bx+c)'$$
$$=2ax+b$$

풀이

(1) 부정적분의 정의에 의하여	$\begin{aligned}f(x)&=(3x^2-5x+C)'\\&=6x-5\end{aligned}$
따라서 구하는 값은	$f(2)=12-5=\mathbf{7}$
(2) 부정적분의 정의에 의하여	$\begin{aligned}6x^2+ax-3&=(bx^3+2x^2-cx+2)'\\&=3bx^2+4x-c\end{aligned}$
즉, $6=3b$, $a=4$, $-3=-c$이므로	$a=4$, $b=2$, $c=3$
따라서 구하는 값은	$a+b+c=\mathbf{9}$

정답과 해설 **64**쪽

문제

01-1 다항함수 $f(x)$가 $\int f(x)\,dx=\dfrac{1}{3}x^3-\dfrac{1}{2}x^2+C$를 만족시킬 때, $f(1)$의 값을 구하시오.

(단, C는 적분상수)

01-2 등식 $\int (3x^2+4x+a)\,dx=bx^3+cx^2-x+1$을 만족시키는 상수 a, b, c에 대하여 $a+b+c$의 값을 구하시오.

01-3 다항함수 $f(x)$가 $\int (x-2)f(x)\,dx=2x^3-6x^2+C$를 만족시킬 때, $f(3)$의 값을 구하시오.

(단, C는 적분상수)

01-4 함수 $f(x)$의 한 부정적분이 x^3+ax^2+bx이고 $f(0)=-3$, $f'(0)=4$일 때, 상수 a, b에 대하여 $a+b$의 값을 구하시오.

부정적분과 미분의 관계

유형편 57쪽

필.수.예.제 02

다음 물음에 답하시오.

(1) 다항함수 $f(x)$에 대하여 $\dfrac{d}{dx}\left\{\displaystyle\int f(x)\,dx\right\}=3x^2-x$일 때, $f(1)$의 값을 구하시오.

(2) 함수 $f(x)=\displaystyle\int\left\{\dfrac{d}{dx}(x^3-x)\right\}dx$에 대하여 $f(2)=7$일 때, $f(-2)$의 값을 구하시오.

공략 Point

(1) $\dfrac{d}{dx}\left\{\displaystyle\int f(x)\,dx\right\}=f(x)$

(2) $\displaystyle\int\left\{\dfrac{d}{dx}f(x)\right\}dx$
$=f(x)+C$
(단, C는 적분상수)

풀이

(1) 부정적분과 미분의 관계에 의하여 $\dfrac{d}{dx}\left\{\displaystyle\int f(x)\,dx\right\}=f(x)$이므로	$f(x)=3x^2-x$
따라서 구하는 값은	$f(1)=3-1=\mathbf{2}$
(2) 부정적분과 미분의 관계에 의하여	$f(x)=\displaystyle\int\left\{\dfrac{d}{dx}(x^3-x)\right\}dx$ $=x^3-x+C$
이때 $f(2)=7$에서	$8-2+C=7 \qquad \therefore C=1$ $\therefore f(x)=x^3-x+1$
따라서 구하는 값은	$f(-2)=-8+2+1=\mathbf{-5}$

정답과 해설 64쪽

문제

02-1 다항함수 $f(x)$에 대하여 $\dfrac{d}{dx}\left\{\displaystyle\int f(x)\,dx\right\}=5x^3-2x^2$일 때, $f(2)$의 값을 구하시오.

02-2 함수 $f(x)=\displaystyle\int\left\{\dfrac{d}{dx}(x^3-3x^2)\right\}dx$에 대하여 $f(1)=1$일 때, $f(-1)$의 값을 구하시오.

02-3 함수 $f(x)=\dfrac{d}{dx}\left\{\displaystyle\int(2x^2-3x)\,dx\right\}+\displaystyle\int\left\{\dfrac{d}{dx}(3x^2)\right\}dx$에 대하여 $f(0)=1$일 때, $f(-1)$의 값을 구하시오.

02-4 함수 $f(x)=\displaystyle\int\left\{\dfrac{d}{dx}(x^2-4x)\right\}dx$의 최솟값이 5일 때, $f(x)$를 구하시오.

부정적분의 계산

1 함수 $y=k$ (k는 상수)와 함수 $y=x^n$ (n은 양의 정수)의 부정적분

> (1) k가 상수일 때, $\displaystyle\int k\,dx=kx+C$ (단, C는 적분상수)
>
> (2) n이 양의 정수일 때, $\displaystyle\int x^n\,dx=\dfrac{1}{n+1}x^{n+1}+C$ (단, C는 적분상수)

예 (1) $\displaystyle\int 3\,dx=3x+C$

(2) $\displaystyle\int x^6\,dx=\dfrac{1}{6+1}x^{6+1}+C=\dfrac{1}{7}x^7+C$

참고 $\displaystyle\int 1\,dx$는 보통 $\displaystyle\int dx$로 나타낸다.

2 함수의 실수배, 합, 차의 부정적분

> 두 함수 $f(x)$, $g(x)$가 부정적분을 가질 때
>
> (1) $\displaystyle\int kf(x)\,dx=k\int f(x)\,dx$ (단, k는 0이 아닌 상수)
>
> (2) $\displaystyle\int \{f(x)+g(x)\}\,dx=\int f(x)\,dx+\int g(x)\,dx$
>
> (3) $\displaystyle\int \{f(x)-g(x)\}\,dx=\int f(x)\,dx-\int g(x)\,dx$

예 (1) $\displaystyle\int 2x^2\,dx=2\int x^2\,dx=2\times\dfrac{1}{3}x^3+C$

$\qquad\qquad=\dfrac{2}{3}x^3+C$

(2) $\displaystyle\int (x^2+1)\,dx=\int x^2\,dx+\int dx=\left(\dfrac{1}{3}x^3+C_1\right)+(x+C_2)$

$\qquad\qquad\qquad=\dfrac{1}{3}x^3+x+(C_1+C_2)$

이때 $C_1+C_2=C$라 하면　◀ 적분상수가 여러 개 있을 때는 이들을 묶어서 하나의 적분상수 C로 나타낸다.

$\displaystyle\int (x^2+1)\,dx=\dfrac{1}{3}x^3+x+C$

(3) $\displaystyle\int (x^3-x)\,dx=\int x^3\,dx-\int x\,dx=\left(\dfrac{1}{4}x^4+C_1\right)-\left(\dfrac{1}{2}x^2+C_2\right)$

$\qquad\qquad\qquad=\dfrac{1}{4}x^4-\dfrac{1}{2}x^2+(C_1-C_2)$

$\qquad\qquad\qquad=\dfrac{1}{4}x^4-\dfrac{1}{2}x^2+C$

참고 함수의 합, 차의 부정적분은 세 개 이상의 함수에서도 성립한다.

주의 ・$\displaystyle\int f(x)g(x)\,dx\neq\int f(x)\,dx\times\int g(x)\,dx$　◀ 함수의 곱은 전개한 후 적분해야 한다.

・$\displaystyle\int \dfrac{f(x)}{g(x)}\,dx\neq\dfrac{\displaystyle\int f(x)\,dx}{\displaystyle\int g(x)\,dx}$　◀ 함수의 나눗셈은 약분한 후 적분해야 한다.

함수 $y=k$ (k는 상수)와 함수 $y=x^n$ (n은 양의 정수)의 부정적분

함수 $y=x^n$ (n은 양의 정수)의 부정적분은 다음과 같이 $y=x^n$의 도함수로부터 구할 수 있다.

$\left(\dfrac{1}{2}x^2\right)'=x$이므로 $\displaystyle\int x\,dx=\dfrac{1}{2}x^2+C$

$\left(\dfrac{1}{3}x^3\right)'=x^2$이므로 $\displaystyle\int x^2\,dx=\dfrac{1}{3}x^3+C$

$\left(\dfrac{1}{4}x^4\right)'=x^3$이므로 $\displaystyle\int x^3\,dx=\dfrac{1}{4}x^4+C$

일반적으로 n이 양의 정수일 때, $\left(\dfrac{1}{n+1}x^{n+1}\right)'=x^n$이므로

$$\int x^n\,dx=\dfrac{1}{n+1}x^{n+1}+C \text{ (단, } C\text{는 적분상수)}$$

한편 k가 상수일 때, $(kx)'=k$이므로

$$\int k\,dx=kx+C \text{ (단, } C\text{는 적분상수)}$$

함수의 실수배, 합, 차의 부정적분

두 함수 $f(x)$, $g(x)$의 한 부정적분을 각각 $F(x)$, $G(x)$라 하면

$$F'(x)=f(x),\ G'(x)=g(x)$$

(1) 0이 아닌 상수 k에 대하여 $\{kF(x)\}'=kF'(x)=kf(x)$이므로

$$\int kf(x)\,dx=k\int f(x)\,dx$$

(2) $\{F(x)+G(x)\}'=F'(x)+G'(x)=f(x)+g(x)$이므로

$$\int \{f(x)+g(x)\}\,dx=\int f(x)\,dx+\int g(x)\,dx$$

(3) $\{F(x)-G(x)\}'=F'(x)-G'(x)=f(x)-g(x)$이므로

$$\int \{f(x)-g(x)\}\,dx=\int f(x)\,dx-\int g(x)\,dx$$

개념 CHECK

정답과 해설 64쪽

1 다음 부정적분을 구하시오.

(1) $\displaystyle\int (-3)\,dx$ (2) $\displaystyle\int x^4\,dx$

(3) $\displaystyle\int x^9\,dx$ (4) $\displaystyle\int x^{20}\,dx$

2 다음 부정적분을 구하시오.

(1) $\displaystyle\int 6x^2\,dx$ (2) $\displaystyle\int (x+3)\,dx$

(3) $\displaystyle\int (2x^2-4x+2)\,dx$ (4) $\displaystyle\int (x^3-2x+1)\,dx$

필.수.예.제
03

다음 부정적분을 구하시오.

(1) $\displaystyle\int (x+1)^2(3x-1)\,dx$

(2) $\displaystyle\int (x^2+xt)\,dt$

(3) $\displaystyle\int \frac{y^3-1}{y-1}\,dy$

(4) $\displaystyle\int \frac{x^2}{x+2}\,dx-\int \frac{4}{x+2}\,dx$

공략 Point

피적분함수가 복잡한 경우에는 전개, 인수분해 등을 이용하여 식을 간단히 한 후 부정적분을 구한다.

풀이

(1) 곱셈 공식을 이용하여 전개하면

$$\int (x+1)^2(3x-1)\,dx$$
$$=\int (3x^3+5x^2+x-1)\,dx$$
$$=3\int x^3\,dx+5\int x^2\,dx+\int x\,dx-\int dx$$
$$=\frac{3}{4}x^4+\frac{5}{3}x^3+\frac{1}{2}x^2-x+C$$

(2) 적분변수가 t이므로 x를 상수로 보고 t에 대하여 적분하면

$$\int (x^2+xt)\,dt=x^2\int dt+x\int t\,dt$$
$$=x^2t+\frac{1}{2}xt^2+C$$

(3) 분자를 인수분해한 후 약분하면

$$\int \frac{y^3-1}{y-1}\,dy=\int \frac{(y-1)(y^2+y+1)}{y-1}\,dy$$
$$=\int (y^2+y+1)\,dy$$
$$=\int y^2\,dy+\int y\,dy+\int dy$$
$$=\frac{1}{3}y^3+\frac{1}{2}y^2+y+C$$

(4) $\displaystyle\int f(x)\,dx-\int g(x)\,dx$
$=\displaystyle\int \{f(x)-g(x)\}\,dx$이므로

분자를 인수분해한 후 약분하면

$$\int \frac{x^2}{x+2}\,dx-\int \frac{4}{x+2}\,dx$$
$$=\int \left(\frac{x^2}{x+2}-\frac{4}{x+2}\right)dx=\int \frac{x^2-4}{x+2}\,dx$$
$$=\int \frac{(x+2)(x-2)}{x+2}\,dx=\int (x-2)\,dx$$
$$=\int x\,dx-2\int dx=\frac{1}{2}x^2-2x+C$$

정답과 해설 65쪽

문제

03-**1**

다음 부정적분을 구하시오.

(1) $\displaystyle\int 3x(x-1)(2x+3)\,dx$

(2) $\displaystyle\int (1+xy+3x^2y^2)\,dy$

(3) $\displaystyle\int \frac{x^4-1}{x^2-1}\,dx$

(4) $\displaystyle\int (2+\sqrt{x})^2\,dx+\int (2-\sqrt{x})^2\,dx$

도함수가 주어진 경우의 부정적분

유형편 58쪽

필.수.예.제 04

다음 물음에 답하시오.

(1) 함수 $f(x)$에 대하여 $f'(x)=3x^2+2x$이고 $f(-1)=2$일 때, $f(2)$의 값을 구하시오.

(2) 점 $(1, 3)$을 지나는 곡선 $y=f(x)$ 위의 임의의 점 $(x, f(x))$에서의 접선의 기울기가 $2x-5$일 때, 함수 $f(x)$를 구하시오.

공략 Point

함수 $f(x)$의 도함수 $f'(x)$가 주어지면 $f(x)=\int f'(x)\,dx$ 임을 이용하여 $f(x)$를 적분상수를 포함한 식으로 나타낸다.

풀이

(1) $f(x)=\int f'(x)\,dx$이므로

$$f(x)=\int (3x^2+2x)\,dx$$
$$=x^3+x^2+C$$

이때 $f(-1)=2$에서

$-1+1+C=2$ $\quad \therefore C=2$

$\therefore f(x)=x^3+x^2+2$

따라서 구하는 값은

$f(2)=8+4+2=\mathbf{14}$

(2) 곡선 $y=f(x)$ 위의 점 $(x, f(x))$에서의 접선의 기울기가 $2x-5$이므로

$f'(x)=2x-5$

$f(x)=\int f'(x)\,dx$이므로

$$f(x)=\int (2x-5)\,dx$$
$$=x^2-5x+C$$

이때 곡선 $y=f(x)$가 점 $(1, 3)$을 지나므로 $f(1)=3$에서

$1-5+C=3$ $\quad \therefore C=7$

따라서 구하는 함수는

$f(x)=x^2-5x+7$

정답과 해설 65쪽

문제

04-1 함수 $f(x)$에 대하여 $f'(x)=2x+4$이고 $f(0)=1$일 때, $f(3)$의 값을 구하시오.

04-2 점 $(-1, 1)$을 지나는 곡선 $y=f(x)$ 위의 임의의 점 $(x, f(x))$에서의 접선의 기울기가 $3x^2-2x+1$일 때, $f(1)$의 값을 구하시오.

04-3 곡선 $y=f(x)$ 위의 임의의 점 $(x, f(x))$에서의 접선의 기울기가 $3x^2-6x+12$이고 이 곡선이 두 점 $(1, -2)$, $(2, k)$를 지날 때, k의 값을 구하시오.

필.수.예.제 05

함수와 그 부정적분 사이의 관계식

다항함수 $f(x)$의 한 부정적분을 $F(x)$라 하면
$$F(x)=xf(x)+2x^3-x^2$$
이 성립하고 $f(1)=0$일 때, $f(x)$를 구하시오.

공략 Point

함수 $f(x)$와 그 부정적분 $F(x)$ 사이의 관계식이 주어지면 주어진 등식의 양변을 x에 대하여 미분하여 $f'(x)$를 구한다.

풀이

$F(x)=xf(x)+2x^3-x^2$의 양변을 x에 대하여 미분하면	$F'(x)=f(x)+xf'(x)+6x^2-2x$
$F'(x)=f(x)$이므로	$f(x)=f(x)+xf'(x)+6x^2-2x$ $xf'(x)=-6x^2+2x=x(-6x+2)$ $\therefore f'(x)=-6x+2$
$f(x)=\displaystyle\int f'(x)\,dx$이므로	$f(x)=\displaystyle\int (-6x+2)\,dx$ $=-3x^2+2x+C$
이때 $f(1)=0$에서	$-3+2+C=0 \quad \therefore C=1$
따라서 구하는 함수는	$f(x)=-3x^2+2x+1$

정답과 해설 65쪽

문제

05-1 다항함수 $f(x)$의 한 부정적분을 $F(x)$라 하면
$$xf(x)-F(x)=2x^3-4x^2$$
이 성립하고 $f(2)=2$일 때, $f(x)$를 구하시오.

05-2 다항함수 $f(x)$에 대하여
$$\int f(x)\,dx=(x+1)f(x)-3x^4-4x^3$$
이 성립하고 $f(1)=2$일 때, $f(-1)$의 값을 구하시오.

부정적분과 미분의 관계의 활용

필.수.예.제
06

두 다항함수 $f(x)$, $g(x)$가

$$\frac{d}{dx}\{f(x)+g(x)\}=2x,\ \frac{d}{dx}\{f(x)g(x)\}=3x^2-4x+4$$

를 만족시키고 $f(0)=-1$, $g(0)=3$일 때, $f(-1)+g(2)$의 값을 구하시오.

공략 Point

$\frac{d}{dx}f(x)=g(x)$ 꼴이 주어
지면 양변을 x에 대하여 적
분하여 $f(x)=\int g(x)\,dx$임
을 이용한다.

풀이

$\frac{d}{dx}\{f(x)+g(x)\}=2x$에서	$f(x)+g(x)=x^2+C_1$ ······ ㉠
$\frac{d}{dx}\{f(x)g(x)\}=3x^2-4x+4$에서	$f(x)g(x)=x^3-2x^2+4x+C_2$ ······ ㉡
이때 $f(0)=-1$, $g(0)=3$이므로 ㉠, ㉡의 양변에 각각 $x=0$을 대입하면	$f(0)+g(0)=C_1$ $\therefore C_1=2$ $f(0)g(0)=C_2$ $\therefore C_2=-3$
$C_1=2$, $C_2=-3$을 각각 ㉠, ㉡에 대입하면	$f(x)+g(x)=x^2+2$ $f(x)g(x)=x^3-2x^2+4x-3$ $\quad\quad\quad\ =(x-1)(x^2-x+3)$
그런데 $f(0)=-1$, $g(0)=3$이므로	$f(x)=x-1,\ g(x)=x^2-x+3$
따라서 구하는 값은	$f(-1)+g(2)=(-1-1)+(4-2+3)=\mathbf{3}$

정답과 해설 **66쪽**

문제

06-**1** 두 다항함수 $f(x)$, $g(x)$가

$$\frac{d}{dx}\{f(x)+g(x)\}=6x^2+6x-2,\ \frac{d}{dx}\{f(x)-g(x)\}=6x^2-6x-4$$

를 만족시키고 $f(0)=0$, $g(0)=1$일 때, $f(1)+g(-1)$의 값을 구하시오.

06-**2** 두 다항함수 $f(x)$, $g(x)$가

$$\frac{d}{dx}\{f(x)-g(x)\}=2x-1,\ \frac{d}{dx}\{f(x)g(x)\}=6x^2+8x-6$$

을 만족시키고 $f(1)=-2$, $g(1)=4$일 때, $f(0)+g(2)$의 값을 구하시오.

함수의 연속과 부정적분

📎 유형편 60쪽

필.수.예.제
07

모든 실수 x에서 연속인 함수 $f(x)$에 대하여 $f'(x)=\begin{cases} 2x+1 & (x\geq 1) \\ 3x^2 & (x<1) \end{cases}$ 이고 $f(0)=-2$일 때, $f(2)$의 값을 구하시오.

공략 Point

함수 $f(x)$에 대하여
$$f'(x)=\begin{cases} g(x) & (x>a) \\ h(x) & (x<a) \end{cases}$$
이고, $f(x)$가 $x=a$에서 연속이면

(1) $f(x)$
$$=\begin{cases} \displaystyle\int g(x)\,dx & (x\geq a) \\ \displaystyle\int h(x)\,dx & (x<a) \end{cases}$$

(2) $\displaystyle\lim_{x\to a+}\int g(x)\,dx$
$$=\lim_{x\to a-}\int h(x)\,dx$$
$$=f(a)$$

풀이

(i) $x\geq 1$일 때, $f'(x)=2x+1$이므로	$f(x)=\displaystyle\int (2x+1)\,dx=x^2+x+C_1$
(ii) $x<1$일 때, $f'(x)=3x^2$이므로	$f(x)=\displaystyle\int 3x^2\,dx=x^3+C_2$
(i), (ii)에서 함수 $f(x)$는	$f(x)=\begin{cases} x^2+x+C_1 & (x\geq 1) \\ x^3+C_2 & (x<1) \end{cases}$ ······ ㉠
이때 $f(0)=-2$에서	$C_2=-2$
함수 $f(x)$는 $x=1$에서 연속이므로 $\displaystyle\lim_{x\to 1-}f(x)=f(1)$에서	$1+C_2=1+1+C_1$ $1+(-2)=2+C_1$ ∴ $C_1=-3$
$C_1=-3$, $C_2=-2$를 ㉠에 대입하면	$f(x)=\begin{cases} x^2+x-3 & (x\geq 1) \\ x^3-2 & (x<1) \end{cases}$
따라서 구하는 값은	$f(2)=4+2-3=\mathbf{3}$

정답과 해설 66쪽

문제

07-**1** 모든 실수 x에서 연속인 함수 $f(x)$에 대하여 $f'(x)=\begin{cases} 2x-2 & (x\geq 0) \\ -2x-2 & (x<0) \end{cases}$ 이고 $f(-2)=1$일 때, $f(-1)+f(1)$의 값을 구하시오.

07-**2** 모든 실수 x에서 연속인 함수 $f(x)$에 대하여 $f'(x)=\begin{cases} 3x^2-1 & (x\geq 1) \\ 4x-2 & (x<1) \end{cases}$ 이고 곡선 $y=f(x)$가 점 $(-1, 1)$을 지날 때, $f(3)$의 값을 구하시오.

연습문제

1 함수 $f(x)$의 한 부정적분 $F(x)$에 대하여
$\int (x^2+a)\,dx = F(x)$가 성립하고 $f(1)=2$일 때, $f(2)$의 값은? (단, a는 상수)

① 2   ② 3   ③ 4
④ 5   ⑤ 6

2 두 다항함수 $f(x)$, $g(x)$가
$\int g(x)\,dx = x^4 f(x)+2$를 만족시키고
$f(1)=-1$, $f'(1)=5$일 때, $g(1)$의 값은?

① -2 ② -1 ③ 0
④ 1   ⑤ 2

3 함수 $f(x)=\int (x^2-3x+4)\,dx$에 대하여
$\displaystyle\lim_{h\to 0}\frac{f(2+h)-f(2-h)}{h}$의 값은?

① 4   ② 6   ③ 8
④ 10   ⑤ 12

4 다항함수 $f(x)$에 대하여
$$\frac{d}{dx}\left\{\int (x-1)f(x)\,dx\right\} = 4x^3-x^2+k$$
일 때, $f(2)$의 값을 구하시오. (단, k는 상수)

5 함수 $f(x)=\int \left\{\dfrac{d}{dx}(2x^4-ax^2)\right\}dx$에 대하여
$f(0)=2$, $f'(2)=4$일 때, $f(1)$의 값을 구하시오.
(단, a는 상수)

6 함수
$$f(x)=\int \left(\frac{1}{3}x^2+3x+2\right)dx - \int \left(\frac{1}{3}x^2+x\right)dx$$
에 대하여 $f(-1)=2$일 때, $f(2)$의 값은?

① 11   ② 12   ③ 13
④ 14   ⑤ 15

7 함수 $f(x)=\int \dfrac{2x^2}{x+2}\,dx + \int \dfrac{x-6}{x+2}\,dx$에 대하여
$f(0)=-5$일 때, $f(-1)$의 값을 구하시오.

8 함수 $f(x)$를 적분해야 할 것을 잘못하여 미분하였더니 $6x+8$이었다. $f(1)=8$일 때, $f(x)$를 바르게 적분하면? (단, C는 적분상수)

① $3x^2+8x+C$ ② $6x^2+8x+C$
③ x^3+4x^2-3x+C ④ x^3+4x^2+3x+C
⑤ x^3+8x^2-3x+C

9 다항함수 $f(x)$의 한 부정적분을 $F(x)$라 하면
$$f'(x)=6x,\ f(0)=F(0),\ f(1)=F(1)$$
일 때, $F(-2)$의 값을 구하시오.

10 함수 $f(x)$에 대하여 $f'(x)=3x^2-3$이고 $f(x)$의 극솟값이 -1일 때, $f(x)$의 극댓값은?

① 2 ② 3 ③ 4
④ 5 ⑤ 6

11 함수 $f(x)$에 대하여
$$\lim_{h \to 0}\frac{f(x-h)-f(x+2h)}{h}=9x^2-3x+6$$
이고 $f(-2)=2$일 때, $f(2)$의 값을 구하시오.

12 점 $(0, 3)$을 지나는 곡선 $y=f(x)$ 위의 임의의 점 $(x, f(x))$에서의 접선의 기울기가 $-8x+k$이다. 방정식 $f(x)=0$의 모든 근의 합이 $\dfrac{3}{2}$일 때, $f(-1)$의 값은? (단, k는 상수)

① -9 ② -8 ③ -7
④ -6 ⑤ -5

13 다항함수 $f(x)$에 대하여
$$\int f(x)\,dx=(x-1)f(x)+x^3-3x$$
가 성립하고 $f(0)=1$일 때, $f(2)$의 값을 구하시오.

14 다항함수 $f(x)$의 한 부정적분을 $F(x)$라 하면
$$F(x)=xf(x)-2x^3+3x^2+5$$
가 성립하고 $f(x)$의 최솟값이 1일 때, $f(2)$의 값은?

① 3 ② 4 ③ 5
④ 6 ⑤ 7

15 두 다항함수 $f(x)$, $g(x)$가

$$\frac{d}{dx}\{f(x)+g(x)\}=2x+3,$$

$$\frac{d}{dx}\{f(x)g(x)\}=3x^2+8x-1$$

을 만족시키고 $f(0)=2$, $g(0)=-5$일 때, $f(2)+g(-1)$의 값을 구하시오.

16 모든 실수 x에서 연속인 함수 $f(x)$에 대하여

$$f'(x)=\begin{cases}3x^2-2 & (x\geq1) \\ 2x-1 & (x<1)\end{cases}$$

이고 $f(-3)=10$일 때, $f(3)$의 값은?

① 4   ② 8   ③ 12
④ 16   ⑤ 20

17 미분가능한 함수 $f(x)$가 모든 실수 x, y에 대하여 $f(x+y)=f(x)+f(y)-xy$를 만족시키고 $f'(0)=4$일 때, $f(2)$의 값은?

① 6   ② 7   ③ 8
④ 9   ⑤ 10

실력

18 두 다항함수 $f(x)$, $g(x)$가 다음 조건을 모두 만족시킬 때, $g(2)$의 값을 구하시오.

(가) $f(0)=g(0)$
(나) 모든 실수 x에 대하여
$$f(x)+xf'(x)=4x^3-3x^2-2x+1$$
(다) 모든 실수 x에 대하여
$$f'(x)-g'(x)=3x^2+x$$

19 함수 $f(x)$에 대하여 $f'(x)=6x^2+12x+5$이고 곡선 $y=f(x)$가 직선 $y=-x+1$과 접할 때, $f(-2)$의 값을 구하시오.

20 두 다항함수 $f(x)$, $g(x)$가

$$f(x)=\int xg(x)\,dx,$$

$$\frac{d}{dx}\{f(x)-g(x)\}=4x^3+2x$$

를 만족시킬 때, $g(1)$의 값은?

① 10   ② 11   ③ 12
④ 13   ⑤ 14

1 정적분

1 정적분

(1) 정적분의 정의

함수 $f(x)$가 닫힌구간 $[a, b]$에서 연속일 때, 함수 $f(x)$의 한 부정적분 $F(x)$에 대하여
$F(b)-F(a)$를 $f(x)$의 a에서 b까지의 **정적분**이라 하고, 기호로

$$\int_a^b f(x)\,dx$$

와 같이 나타낸다. 이때 $F(b)-F(a)$를 기호로

$$\left[F(x) \right]_a^b$$

와 같이 나타낸다.

> 닫힌구간 $[a, b]$에서 연속인 함수 $f(x)$의 한 부정적분을 $F(x)$라 하면
> $$\int_a^b f(x)\,dx = \left[F(x) \right]_a^b = F(b)-F(a)$$

이때 정적분 $\int_a^b f(x)\,dx$의 값을 구하는 것을 함수 $f(x)$를 a에서 b까지 적분한다고 하고,
a를 아래끝, b를 위끝이라 하며 닫힌구간 $[a, b]$를 적분 구간이라 한다.

예 • $\int_1^3 4x^3\,dx = \left[x^4 \right]_1^3 = 81-1 = 80$ ◀ 정적분을 구할 때는 적분상수 C는 고려하지 않는다.

   • $\int_2^3 (3x^2+2x-1)\,dx = \left[x^3+x^2-x \right]_2^3 = (27+9-3)-(8+4-2) = 23$

참고 • 정적분 $\int_a^b f(x)\,dx$를 '인티그럴 a에서 b까지 $f(x)\,dx$'라 읽는다.

   • 정적분 $\int_a^b f(x)\,dx$에서 적분변수 x 대신 다른 문자를 사용하여도 그 값은 변하지 않는다.

   ➡ $\int_a^b f(x)\,dx = \int_a^b f(t)\,dt = \int_a^b f(y)\,dy$

(2) $a=b$ 또는 $a>b$일 때, 정적분 $\int_a^b f(x)\,dx$의 정의

$a=b$ 또는 $a>b$일 때의 정적분 $\int_a^b f(x)\,dx$는 다음과 같이 정의한다.

> ① $a=b$일 때, $\int_a^a f(x)\,dx=0$
>
> ② $a>b$일 때, $\int_a^b f(x)\,dx=-\int_b^a f(x)\,dx$

예 • $\int_2^2 x^2\,dx=0$

   • $\int_2^1 3x^2\,dx=-\int_1^2 3x^2\,dx=-\left[x^3 \right]_1^2=-(8-1)=-7$

참고 정적분은 a, b의 대소에 관계없이 $\int_a^b f(x)\,dx=F(b)-F(a)$로 정의할 수 있다.

   예를 들어 $\int_2^1 3x^2\,dx=\left[x^3 \right]_2^1=1-8=-7$로 계산할 수 있다.

2 정적분의 계산

(1) 함수의 실수배, 합, 차의 정적분

두 함수 $f(x)$, $g(x)$가 닫힌구간 $[a, b]$에서 연속일 때

① $\displaystyle\int_a^b kf(x)\,dx=k\int_a^b f(x)\,dx$ (단, k는 상수)

② $\displaystyle\int_a^b \{f(x)+g(x)\}\,dx=\int_a^b f(x)\,dx+\int_a^b g(x)\,dx$

③ $\displaystyle\int_a^b \{f(x)-g(x)\}\,dx=\int_a^b f(x)\,dx-\int_a^b g(x)\,dx$

예
$$\begin{aligned}
\int_0^1 (x^2+2x)\,dx+\int_0^1 (-x^2+2x)\,dx &=\int_0^1 \{(x^2+2x)+(-x^2+2x)\}\,dx \\
&=\int_0^1 4x\,dx \\
&=\Big[2x^2\Big]_0^1=2
\end{aligned}$$

$$\begin{aligned}
\int_{-1}^0 (x^3+3x+1)\,dx-\int_{-1}^0 (x^3-3x)\,dx &=\int_{-1}^0 \{(x^3+3x+1)-(x^3-3x)\}\,dx \\
&=\int_{-1}^0 (6x+1)\,dx \\
&=\Big[3x^2+x\Big]_{-1}^0=-(3-1)=-2
\end{aligned}$$

(2) 정적분의 성질

함수 $f(x)$가 세 실수 a, b, c를 포함하는 구간에서 연속일 때,

$$\int_a^c f(x)\,dx+\int_c^b f(x)\,dx=\int_a^b f(x)\,dx$$

예
$$\begin{aligned}
\int_{-1}^0 (x^2+1)\,dx+\int_0^2 (x^2+1)\,dx &=\int_{-1}^2 (x^2+1)\,dx \\
&=\Big[\frac{1}{3}x^3+x\Big]_{-1}^2 \\
&=\Big(\frac{8}{3}+2\Big)-\Big(-\frac{1}{3}-1\Big)=6
\end{aligned}$$

참고 정적분의 성질은 a, b, c의 대소에 관계없이 성립한다.

개념 PLUS

정적분의 정의

닫힌구간 $[a, b]$에서 연속인 함수 $f(x)$의 두 부정적분을 각각 $F(x)$, $G(x)$라 하면

$\quad F(x)=G(x)+C$ (C는 상수)

이므로

$$\begin{aligned}
F(b)-F(a) &=\{G(b)+C\}-\{G(a)+C\} \\
&=G(b)-G(a)
\end{aligned}$$

따라서 함수 $f(x)$의 어떤 부정적분 $F(x)$에서도 적분상수 C에 관계없이 $F(b)-F(a)$의 값은 하나로 결정된다.

함수의 실수배, 합, 차의 정적분

닫힌구간 $[a, b]$에서 연속인 두 함수 $f(x)$, $g(x)$의 한 부정적분을 각각 $F(x)$, $G(x)$라 하면

(1) $\displaystyle\int_a^b kf(x)\,dx = \left[kF(x)\right]_a^b = kF(b) - kF(a)$

$\qquad\qquad\qquad = k\{F(b) - F(a)\} = k\left[F(x)\right]_a^b$

$\qquad\qquad\qquad = k\displaystyle\int_a^b f(x)\,dx$

(2) $\displaystyle\int_a^b \{f(x) + g(x)\}\,dx = \left[F(x) + G(x)\right]_a^b = \{F(b) + G(b)\} - \{F(a) + G(a)\}$

$\qquad\qquad\qquad\qquad = \{F(b) - F(a)\} + \{G(b) - G(a)\} = \left[F(x)\right]_a^b + \left[G(x)\right]_a^b$

$\qquad\qquad\qquad\qquad = \displaystyle\int_a^b f(x)\,dx + \int_a^b g(x)\,dx$

(3) $\displaystyle\int_a^b \{f(x) - g(x)\}\,dx = \left[F(x) - G(x)\right]_a^b = \{F(b) - G(b)\} - \{F(a) - G(a)\}$

$\qquad\qquad\qquad\qquad = \{F(b) - F(a)\} - \{G(b) - G(a)\} = \left[F(x)\right]_a^b - \left[G(x)\right]_a^b$

$\qquad\qquad\qquad\qquad = \displaystyle\int_a^b f(x)\,dx - \int_a^b g(x)\,dx$

정적분의 성질

세 실수 a, b, c를 포함하는 구간에서 연속인 함수 $f(x)$의 한 부정적분을 $F(x)$라 하면

$\displaystyle\int_a^c f(x)\,dx + \int_c^b f(x)\,dx = \left[F(x)\right]_a^c + \left[F(x)\right]_c^b$

$\qquad\qquad\qquad\qquad = \{F(c) - F(a)\} + \{F(b) - F(c)\}$

$\qquad\qquad\qquad\qquad = F(b) - F(a) = \left[F(x)\right]_a^b$

$\qquad\qquad\qquad\qquad = \displaystyle\int_a^b f(x)\,dx$

개념 CHECK 정답과 해설 70쪽

1 다음 정적분의 값을 구하시오.

(1) $\displaystyle\int_0^1 2x\,dx$ 　　　　　　　　　(2) $\displaystyle\int_{-1}^0 3x^2\,dx$

(3) $\displaystyle\int_0^2 x^3\,dx$ 　　　　　　　　　(4) $\displaystyle\int_{-1}^2 x^4\,dx$

2 다음 정적분의 값을 구하시오.

(1) $\displaystyle\int_{-1}^0 (2x-1)\,dx$ 　　　　　　　(2) $\displaystyle\int_1^2 (x+3)\,dx$

(3) $\displaystyle\int_0^1 (x^2-2)\,dx$ 　　　　　　　(4) $\displaystyle\int_{-1}^3 (x^3+x)\,dx$

유형편 **63쪽**

필.수.예.제

01

다음 정적분의 값을 구하시오.

(1) $\displaystyle\int_1^3 x(x+1)(x-1)\,dx$ (2) $\displaystyle\int_1^0 (x+1)^3\,dx$ (3) $\displaystyle\int_3^5 \dfrac{t^2-1}{t-1}\,dt$

공략 Point

닫힌구간 $[a,\ b]$에서 연속인
함수 $f(x)$의 한 부정적분을
$F(x)$라 하면

$$\int_a^b f(x)\,dx$$
$$=\Big[\,F(x)\,\Big]_a^b$$
$$=F(b)-F(a)$$

풀이

(1) 곱셈 공식을 이용하여 전개하면

$$\int_1^3 x(x+1)(x-1)\,dx=\int_1^3 (x^3-x)\,dx$$
$$=\Big[\frac{1}{4}x^4-\frac{1}{2}x^2\Big]_1^3$$
$$=\Big(\frac{81}{4}-\frac{9}{2}\Big)-\Big(\frac{1}{4}-\frac{1}{2}\Big)=\mathbf{16}$$

(2) $\displaystyle\int_1^0 f(x)\,dx=-\int_0^1 f(x)\,dx$이므로

곱셈 공식을 이용하여 전개하면

$$\int_1^0 (x+1)^3\,dx=-\int_0^1 (x+1)^3\,dx$$
$$=-\int_0^1 (x^3+3x^2+3x+1)\,dx$$
$$=-\Big[\frac{1}{4}x^4+x^3+\frac{3}{2}x^2+x\Big]_0^1$$
$$=-\Big(\frac{1}{4}+1+\frac{3}{2}+1\Big)=-\frac{\mathbf{15}}{\mathbf{4}}$$

(3) 분자를 인수분해한 후 약분하면

$$\int_3^5 \frac{t^2-1}{t-1}\,dt=\int_3^5 \frac{(t+1)(t-1)}{t-1}\,dt$$
$$=\int_3^5 (t+1)\,dt=\Big[\frac{1}{2}t^2+t\Big]_3^5$$
$$=\Big(\frac{25}{2}+5\Big)-\Big(\frac{9}{2}+3\Big)=\mathbf{10}$$

정답과 해설 70쪽

문제

01-1

다음 정적분의 값을 구하시오.

(1) $\displaystyle\int_0^2 (x+3)(x-1)\,dx$ (2) $\displaystyle\int_{-2}^2 y(y^2+3y+4)\,dy$

(3) $\displaystyle\int_0^{-1} (x^2+3x)\,dx$ (4) $\displaystyle\int_1^3 \dfrac{x^3+27}{x+3}\,dx$

01-2

$\displaystyle\int_0^k (2x-1)\,dx=2$일 때, 양수 k의 값을 구하시오.

정적분의 계산(1)

필.수.예.제
02

다음 정적분의 값을 구하시오.

(1) $\int_2^3 (3x^2-4x+1)\,dx + \int_2^3 (4x-1)\,dx$　　(2) $\int_0^1 \dfrac{x^3}{x+1}\,dx - \int_1^0 \dfrac{1}{x+1}\,dx$

공략 Point

두 함수 $f(x)$, $g(x)$가 닫힌 구간 $[a,\,b]$에서 연속일 때

(1) $\int_a^b kf(x)\,dx$

　$= k\int_a^b f(x)\,dx$

　　　(단, k는 상수)

(2) $\int_a^b \{f(x)\pm g(x)\}\,dx$

　$= \int_a^b f(x)\,dx$

　　$\pm \int_a^b g(x)\,dx$

　　　(복부호 동순)

풀이

(1) 두 정적분의 적분 구간이 같으므로	$\int_2^3 (3x^2-4x+1)\,dx + \int_2^3 (4x-1)\,dx$
	$= \int_2^3 (3x^2-4x+1+4x-1)\,dx$
	$= \int_2^3 3x^2\,dx = \Big[x^3\Big]_2^3$
	$= 27-8 = \mathbf{19}$

(2) $\int_1^0 f(x)\,dx = -\int_0^1 f(x)\,dx$이므로	$\int_0^1 \dfrac{x^3}{x+1}\,dx - \int_1^0 \dfrac{1}{x+1}\,dx$
	$= \int_0^1 \dfrac{x^3}{x+1}\,dx + \int_0^1 \dfrac{1}{x+1}\,dx$
두 정적분의 적분 구간이 같으므로	$= \int_0^1 \Big(\dfrac{x^3}{x+1}+\dfrac{1}{x+1}\Big)\,dx = \int_0^1 \dfrac{x^3+1}{x+1}\,dx$
	$= \int_0^1 \dfrac{(x+1)(x^2-x+1)}{x+1}\,dx$
	$= \int_0^1 (x^2-x+1)\,dx = \Big[\dfrac{1}{3}x^3 - \dfrac{1}{2}x^2 + x\Big]_0^1$
	$= \dfrac{1}{3} - \dfrac{1}{2} + 1 = \mathbf{\dfrac{5}{6}}$

정답과 해설 70쪽

문제

02-1　다음 정적분의 값을 구하시오.

(1) $\int_{-1}^2 (x^2+2x+1)\,dx - \int_{-1}^2 (2x-1)\,dx$　　(2) $\int_2^3 \dfrac{x^2}{x-1}\,dx - \int_3^2 \dfrac{2x-3}{x-1}\,dx$

02-2　$\int_1^3 (2x+k)^2\,dx - \int_1^3 (2x-k)^2\,dx = 32$일 때, 상수 k의 값을 구하시오.

정적분의 계산(2)

필.수.예.제
03

다음 정적분의 값을 구하시오.

(1) $\int_1^2 (-x^3+2x)\,dx + \int_2^3 (-x^3+2x)\,dx$

(2) $\int_{-2}^0 (3x^2-1)\,dx + \int_0^2 (3x^2-1)\,dx - \int_1^2 (3x^2-1)\,dx$

공략 Point

함수 $f(x)$가 세 실수 a, b, c
를 포함하는 구간에서 연속일
때,

$\int_a^c f(x)\,dx + \int_c^b f(x)\,dx$
$= \int_a^b f(x)\,dx$

풀이

(1) 피적분함수가 같으므로 정적분의 성질에 의하여	$\int_1^2 (-x^3+2x)\,dx + \int_2^3 (-x^3+2x)\,dx$ $= \int_1^3 (-x^3+2x)\,dx = \left[-\dfrac{1}{4}x^4 + x^2 \right]_1^3$ $= \left(-\dfrac{81}{4} + 9 \right) - \left(-\dfrac{1}{4} + 1 \right) = \mathbf{-12}$
(2) 피적분함수가 같으므로 정적분의 성질에 의하여	$\int_{-2}^0 (3x^2-1)\,dx + \int_0^2 (3x^2-1)\,dx - \int_1^2 (3x^2-1)\,dx$ $= \int_{-2}^2 (3x^2-1)\,dx - \int_1^2 (3x^2-1)\,dx$ $= \int_{-2}^2 (3x^2-1)\,dx + \int_2^1 (3x^2-1)\,dx$ $= \int_{-2}^1 (3x^2-1)\,dx = \left[x^3 - x \right]_{-2}^1$ $= (1-1) - (-8+2) = \mathbf{6}$

정답과 해설 **71쪽**

문제

03-**1**
다음 정적분의 값을 구하시오.

(1) $\int_{-1}^1 (3x^2+2x)\,dx - \int_2^1 (3x^2+2x)\,dx$

(2) $\int_2^4 (x^2-2x)\,dx - \int_3^4 (x^2-2x)\,dx + \int_1^2 (x^2-2x)\,dx$

03-**2**
다항함수 $f(x)$에 대하여 $\int_1^5 f(x)\,dx = 8$, $\int_3^5 f(x)\,dx = 2$일 때, $\int_1^3 f(x)\,dx$의 값을 구하시오.

구간에 따라 다르게 정의된 함수의 정적분

유형편 64쪽

필.수.예.제
04

다음 물음에 답하시오.

(1) 함수 $f(x) = \begin{cases} x^2 - 2x + 1 & (x \geq 0) \\ x + 1 & (x \leq 0) \end{cases}$ 에 대하여 $\int_{-1}^{1} f(x)\,dx$의 값을 구하시오.

(2) $\int_{-1}^{1} |x^2 + x|\,dx$의 값을 구하시오.

공략 Point

(1) 구간에 따라 다르게 정의
된 함수의 정적분은 적분
구간을 나누어 계산한다.
(2) 절댓값 기호를 포함한 함
수의 정적분은 절댓값 기
호 안의 식의 값이 0이 되
는 x의 값을 경계로 적분
구간을 나누어 계산한다.

풀이

(1) 적분 구간 $[-1, 1]$을 $x=0$을 기준으로 나누면	$\int_{-1}^{1} f(x)\,dx$ $= \int_{-1}^{0} f(x)\,dx + \int_{0}^{1} f(x)\,dx$
$-1 \leq x \leq 0$일 때 $f(x) = x+1$이고, $0 \leq x \leq 1$일 때 $f(x) = x^2 - 2x + 1$이므로	$= \int_{-1}^{0} (x+1)\,dx + \int_{0}^{1} (x^2 - 2x + 1)\,dx$ $= \left[\frac{1}{2}x^2 + x\right]_{-1}^{0} + \left[\frac{1}{3}x^3 - x^2 + x\right]_{0}^{1}$ $= -\left(\frac{1}{2} - 1\right) + \left(\frac{1}{3} - 1 + 1\right) = \frac{5}{6}$
(2) 절댓값 기호 안의 식의 값이 0이 되는 x의 값을 구하면	$x^2 + x = 0,\ x(x+1) = 0$ $\therefore x = -1$ 또는 $x = 0$
$\|x^2 + x\| = \begin{cases} x^2 + x & (x \leq -1 \text{ 또는 } x \geq 0) \\ -x^2 - x & (-1 \leq x \leq 0) \end{cases}$ 이므로	$\int_{-1}^{1} \|x^2 + x\|\,dx$ $= \int_{-1}^{0} (-x^2 - x)\,dx + \int_{0}^{1} (x^2 + x)\,dx$ $= \left[-\frac{1}{3}x^3 - \frac{1}{2}x^2\right]_{-1}^{0} + \left[\frac{1}{3}x^3 + \frac{1}{2}x^2\right]_{0}^{1}$ $= -\left(\frac{1}{3} - \frac{1}{2}\right) + \left(\frac{1}{3} + \frac{1}{2}\right) = 1$

정답과 해설 71쪽

문제

04-1 함수 $f(x) = \begin{cases} -x^2 + 2x & (x \geq 1) \\ x^2 & (x \leq 1) \end{cases}$ 에 대하여 $\int_{0}^{3} f(x)\,dx$의 값을 구하시오.

04-2 $\int_{1}^{5} x|4 - x|\,dx$의 값을 구하시오.

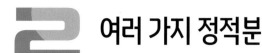

2 여러 가지 정적분

1 정적분 $\int_{-a}^{a} x^n \, dx$의 계산

(1) n이 짝수일 때, $\int_{-a}^{a} x^n dx = 2\int_{0}^{a} x^n dx$

(2) n이 홀수일 때, $\int_{-a}^{a} x^n dx = 0$

참고 • k가 상수일 때, $\int_{-a}^{a} k \, dx = 2\int_{0}^{a} k \, dx$

• 다항함수 $f(x)$가 짝수 차수의 항 또는 상수항만 있으면, 즉 $f(-x)=f(x)$이면
$$\int_{-a}^{a} f(x) \, dx = 2\int_{0}^{a} f(x) \, dx$$

• 다항함수 $f(x)$가 홀수 차수의 항만 있으면, 즉 $f(-x)=-f(x)$이면
$$\int_{-a}^{a} f(x) \, dx = 0$$

2 $f(x+p)=f(x)$를 만족시키는 함수 $f(x)$의 정적분

함수 $f(x)$가 모든 실수 x에 대하여 $f(x+p)=f(x)$ (p는 0이 아닌 상수)를 만족시키고 연속일 때,
$$\int_{a}^{b} f(x) \, dx = \int_{a+np}^{b+np} f(x) \, dx \quad (\text{단, } n\text{은 정수})$$

예 함수 $f(x)$가 모든 실수 x에 대하여 $f(x+2)=f(x)$를 만족시키면
$$\int_{0}^{2} f(x) \, dx = \int_{2}^{4} f(x) \, dx = \int_{4}^{6} f(x) \, dx = \cdots = \int_{2n}^{2+2n} f(x) \, dx \quad (\text{단, } n\text{은 정수})$$

개념 PLUS

정적분 $\int_{-a}^{a} x^n \, dx$의 계산

(1) n이 짝수일 때,
$$\int_{-a}^{a} x^n dx = \left[\frac{1}{n+1} x^{n+1} \right]_{-a}^{a} = \frac{1}{n+1} a^{n+1} - \frac{1}{n+1} (-a)^{n+1}$$
$$= \frac{1}{n+1} a^{n+1} + \frac{1}{n+1} a^{n+1} = \frac{2}{n+1} a^{n+1}$$
$$2\int_{0}^{a} x^n dx = 2\left[\frac{1}{n+1} x^{n+1} \right]_{0}^{a} = \frac{2}{n+1} a^{n+1}$$
$$\therefore \int_{-a}^{a} x^n dx = 2\int_{0}^{a} x^n dx$$

(2) n이 홀수일 때,
$$\int_{-a}^{a} x^n dx = \left[\frac{1}{n+1} x^{n+1} \right]_{-a}^{a} = \frac{1}{n+1} a^{n+1} - \frac{1}{n+1} (-a)^{n+1}$$
$$= \frac{1}{n+1} a^{n+1} - \frac{1}{n+1} a^{n+1} = 0$$

필.수.예.제 05

정적분 $\int_{-a}^{a} x^n dx$의 계산

다음 물음에 답하시오.

(1) $\int_{-2}^{2} (x^5 + 4x^3 + 6x^2 - 1)\,dx$의 값을 구하시오.

(2) 다항함수 $f(x)$가 모든 실수 x에 대하여 $f(-x) = f(x)$를 만족시키고 $\int_{0}^{1} f(x)\,dx = 3$일 때, $\int_{-1}^{1} (x^3 + x + 1)f(x)\,dx$의 값을 구하시오.

공략 Point

(1) • n이 짝수일 때,

$$\int_{-a}^{a} x^n dx = 2\int_{0}^{a} x^n dx$$

• n이 홀수일 때,

$$\int_{-a}^{a} x^n dx = 0$$

(2) • $f(-x) = f(x)$일 때,

$$\int_{-a}^{a} f(x)\,dx = 2\int_{0}^{a} f(x)\,dx$$

• $f(-x) = -f(x)$일 때,

$$\int_{-a}^{a} f(x)\,dx = 0$$

풀이

(1) 피적분함수를 홀수 차수의 항과 짝수 차수의 항, 상수항으로 나누면

$$\int_{-2}^{2} (x^5 + 4x^3 + 6x^2 - 1)\,dx$$
$$= \int_{-2}^{2} (x^5 + 4x^3)\,dx + \int_{-2}^{2} (6x^2 - 1)\,dx$$
$$= 0 + 2\int_{0}^{2} (6x^2 - 1)\,dx = 2\Big[2x^3 - x\Big]_{0}^{2}$$
$$= 2(16 - 2) = \mathbf{28}$$

(2) $f(-x) = f(x)$이므로

$$(-x)^3 f(-x) = -x^3 f(x)$$
$$-x f(-x) = -x f(x)$$

따라서 구하는 값은

$$\int_{-1}^{1} (x^3 + x + 1)f(x)\,dx$$
$$= \int_{-1}^{1} x^3 f(x)\,dx + \int_{-1}^{1} x f(x)\,dx + \int_{-1}^{1} f(x)\,dx$$
$$= 0 + 0 + 2\int_{0}^{1} f(x)\,dx = 2 \times 3 = \mathbf{6}$$

정답과 해설 71쪽

문제

05-1 $\int_{-3}^{3} (4x^3 - 3x^2 + 2x + 1)\,dx$의 값을 구하시오.

05-2 다항함수 $f(x)$가 모든 실수 x에 대하여 $f(-x) = f(x)$를 만족시키고 $\int_{0}^{4} f(x)\,dx = 2$일 때, $\int_{-4}^{4} (2x^3 - 3x + 2)f(x)\,dx$의 값을 구하시오.

$f(x+p)=f(x)$를 만족시키는 함수 $f(x)$의 정적분

필.수.예.제 06

함수 $f(x)$가 모든 실수 x에 대하여 $f(x+2)=f(x)$를 만족시키고

$$f(x)=\begin{cases} x^2 & (0\leq x\leq 1) \\ -x+2 & (1\leq x\leq 2) \end{cases}$$

일 때, $\displaystyle\int_0^6 f(x)\,dx$의 값을 구하시오.

공략 Point

함수 $f(x)$가 모든 실수 x에 대하여 $f(x+p)=f(x)$를 만족시키고 연속일 때,

$$\int_a^b f(x)\,dx$$
$$=\int_{a+np}^{b+np} f(x)\,dx$$
(단, n은 정수)

풀이

$f(x+2)=f(x)$이므로	$\displaystyle\int_0^2 f(x)\,dx=\int_2^4 f(x)\,dx=\int_4^6 f(x)\,dx$ $\displaystyle\therefore \int_0^6 f(x)\,dx=\int_0^2 f(x)\,dx+\int_2^4 f(x)\,dx+\int_4^6 f(x)\,dx$ $\displaystyle\qquad\qquad\qquad=3\int_0^2 f(x)\,dx$
$0\leq x\leq 1$일 때 $f(x)=x^2$이고, $1\leq x\leq 2$일 때 $f(x)=-x+2$ 이므로	$\displaystyle\int_0^2 f(x)\,dx=\int_0^1 x^2\,dx+\int_1^2 (-x+2)\,dx$ $\displaystyle\qquad\qquad=\left[\frac{1}{3}x^3\right]_0^1+\left[-\frac{1}{2}x^2+2x\right]_1^2$ $\displaystyle\qquad\qquad=\frac{1}{3}+(-2+4)-\left(-\frac{1}{2}+2\right)=\frac{5}{6}$
따라서 구하는 값은	$\displaystyle\int_0^6 f(x)\,dx=3\int_0^2 f(x)\,dx=3\times\frac{5}{6}=\frac{5}{2}$

정답과 해설 72쪽

문제

06-1 모든 실수 x에서 연속인 함수 $f(x)$가 다음 조건을 모두 만족시킬 때, $\displaystyle\int_{-1}^{11} f(x)\,dx$의 값을 구하시오.

> ㈎ 모든 실수 x에 대하여 $f(x+3)=f(x)$ ㈏ $\displaystyle\int_{-1}^2 f(x)\,dx=5$

06-2 함수 $f(x)$가 모든 실수 x에 대하여 $f(x+4)=f(x)$를 만족시키고

$$f(x)=\begin{cases} 3x+3 & (-1\leq x\leq 0) \\ -x+3 & (0\leq x\leq 3) \end{cases}$$

일 때, $\displaystyle\int_7^{15} f(x)\,dx$의 값을 구하시오.

연습문제

1 $\displaystyle\int_1^{-2} 4(x+3)(x-1)\,dx + \int_3^3 (3y-1)(2y+5)\,dy$
의 값을 구하시오.

2 $\displaystyle\int_1^a (x+1)^2\,dx + \int_a^1 (x-1)^2\,dx = 6$일 때, 자연수 a의 값을 구하시오.

3 함수 $f(x) = \displaystyle\int_1^3 (t-x)^2\,dt - \int_3^1 (2t^2+3)\,dt$가 $x=a$에서 최솟값 b를 가질 때, 상수 a, b에 대하여 $a+b$의 값은?

① 22   ② 24   ③ 26
④ 28   ⑤ 30

4 함수 $f(x) = 2x+1$에 대하여
$\displaystyle\int_{-1}^2 f(x)\,dx - \int_4^2 f(y)\,dy$의 값을 구하시오.

5 다항함수 $f(x)$에 대하여
$$\int_{-1}^1 f(x)\,dx = 3, \quad \int_5^0 f(x)\,dx = -5,$$
$$\int_1^5 f(x)\,dx = 7$$
일 때, $\displaystyle\int_{-1}^0 \{f(x) - 3x^2\}\,dx$의 값을 구하시오.

6 함수 $y=f(x)$의 그래프가 오른쪽 그림과 같을 때,
$\displaystyle\int_{-2}^2 x f(x)\,dx$의 값을 구하시오.

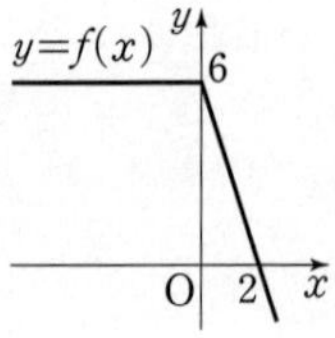

7 교육청
함수 $f(x)$를
$$f(x) = \begin{cases} 2x+2 & (x<0) \\ -x^2+2x+2 & (x\geq 0) \end{cases}$$
라 하자. 양의 실수 a에 대하여 $\displaystyle\int_{-a}^a f(x)\,dx$의 최댓값은?

① 5   ② $\dfrac{16}{3}$ ③ $\dfrac{17}{3}$
④ 6   ⑤ $\dfrac{19}{3}$

8 $\displaystyle\int_0^a |x^2 - x|\,dx = 1$일 때, 상수 a의 값을 구하시오. (단, $a>1$)

9 함수 $f(x)=x^2+ax+b$에 대하여

$$\int_{-1}^{1} f(x)\,dx=1,\ \int_{-1}^{1} xf(x)\,dx=2$$

일 때, $f(-3)$의 값을 구하시오. (단, a, b는 상수)

10 함수 $f(x)$가 모든 실수 x에 대하여 $f(x+4)=f(x)$를 만족시키고

$$f(x)=\begin{cases} 2x+4 & (-2\le x\le 0) \\ x^2-4x+4 & (0\le x\le 2) \end{cases}$$

일 때, $\displaystyle\int_{2022}^{2026} f(x)\,dx$의 값을 구하시오.

11 모든 실수 x에서 연속인 함수 $f(x)$가 다음 조건을 모두 만족시킬 때, $\displaystyle\int_{-1}^{7} f(x)\,dx$의 값은?

(가) 모든 실수 x에 대하여 $f(-x)=f(x)$
(나) 모든 실수 x에 대하여 $f(x+2)=f(x)$
(다) $\displaystyle\int_{-1}^{1} (x+3)f(x)\,dx=9$

① 10   ② 11   ③ 12
④ 13   ⑤ 14

실력

12 다항함수 $f(x)$가 다음 조건을 모두 만족시킬 때, $\displaystyle\int_{5}^{6} f(x)\,dx$의 값을 구하시오.

(가) $\displaystyle\int_{0}^{1} f(x)\,dx=2$
(나) $\displaystyle\int_{n}^{n+2} f(x)\,dx=\int_{n}^{n+1} 2x\,dx$ (단, n은 정수)

13 함수 $f(x)=x^3-12x$에 대하여 $-2\le x\le t$에서 $f(x)$의 최솟값을 $g(t)$라 할 때, $\displaystyle\int_{-2}^{3} g(t)\,dt$의 값을 구하시오.

수능

14 두 다항함수 $f(x)$, $g(x)$가 모든 실수 x에 대하여 $f(-x)=-f(x)$, $g(-x)=g(x)$를 만족시킨다. 함수 $h(x)=f(x)g(x)$에 대하여

$$\int_{-3}^{3} (x+5)h'(x)\,dx=10$$일 때, $h(3)$의 값은?

① 1   ② 2   ③ 3
④ 4   ⑤ 5

적분과 미분의 관계

1 적분과 미분의 관계

함수 $f(t)$가 닫힌구간 $[a, b]$에서 연속일 때,

$$\frac{d}{dx}\int_a^x f(t)\,dt=f(x) \text{ (단, } a<x<b)$$

예 $\dfrac{d}{dx}\displaystyle\int_1^x (4t-t^2)\,dt=4x-x^2$

참고 ・ $\displaystyle\int_a^x f(t)\,dt$에서 t는 적분변수이므로 $\displaystyle\int_a^x f(t)\,dt$는 t에 대한 함수가 아니라 x에 대한 함수이다.

예를 들어 $\displaystyle\int_1^x 2t\,dt=\Big[t^2\Big]_1^x=x^2-1$이므로 $\displaystyle\int_1^x 2t\,dt$는 x에 대한 함수이다.

・ $\dfrac{d}{dx}\displaystyle\int_x^{x+a} f(t)\,dt=f(x+a)-f(x)$ (단, a는 상수)

・ $\dfrac{d}{dx}\displaystyle\int_a^x tf(t)\,dt=xf(x)$ (단, a는 상수)

2 정적분을 포함한 등식에서 함수 구하기

(1) 적분 구간이 상수인 경우

$f(x)=g(x)+\displaystyle\int_a^b f(t)\,dt\,(a,\,b$는 상수) 꼴의 등식이 주어지면 함수 $f(x)$는 다음과 같은 순서로 구한다.

① $\displaystyle\int_a^b f(t)\,dt=k\,(k$는 상수)로 놓으면 $f(x)=g(x)+k$ ⋯⋯ ㉠

② ㉠에서 $f(t)=g(t)+k$이므로 이를 $\displaystyle\int_a^b f(t)\,dt=k$에 대입하여 $\displaystyle\int_a^b \{g(t)+k\}\,dt=k$를 만족시키는 k의 값을 구한다.

③ ②에서 구한 k의 값을 ㉠에 대입하여 함수 $f(x)$를 구한다.

(2) 적분 구간에 변수가 있는 경우

$\displaystyle\int_a^x f(t)\,dt=g(x)\,(a$는 상수) 꼴의 등식이 주어지면

➡ 주어진 등식의 양변을 x에 대하여 미분하여 함수 $f(x)$를 구한다.

이때 함수 $g(x)$에 미정계수가 있으면 주어진 등식의 양변에 $x=a$를 대입하여

$\displaystyle\int_a^a f(t)\,dt=0$임을 이용한다.

(3) 적분 구간과 적분하는 함수에 변수가 있는 경우

$\displaystyle\int_a^x (x-t)f(t)\,dt=g(x)\,(a$는 상수) 꼴의 등식이 주어지면

➡ 주어진 등식에서 $x\displaystyle\int_a^x f(t)\,dt-\displaystyle\int_a^x tf(t)\,dt=g(x)$이므로 양변을 x에 대하여 미분한다.

이때 $\displaystyle\int_a^x f(t)\,dt=g'(x)$임을 이용하여 함수 $f(x)$를 구한다.

3 정적분으로 정의된 함수의 극한

(1) $\displaystyle\lim_{x \to a} \frac{1}{x-a} \int_a^x f(t)\,dt = f(a)$

(2) $\displaystyle\lim_{x \to 0} \frac{1}{x} \int_a^{x+a} f(t)\,dt = f(a)$

예 (1) $\displaystyle\lim_{x \to 1} \frac{1}{x-1} \int_1^x (2t-1)\,dt = 2-1 = 1$

(2) $\displaystyle\lim_{x \to 0} \frac{1}{x} \int_2^{x+2} (t^2-1)\,dt = 4-1 = 3$

개념 PLUS

적분과 미분의 관계

함수 $f(x)$가 닫힌구간 $[a, b]$에서 연속일 때, 함수 $f(x)$의 한 부정적분을 $F(x)$라 하면

$$\frac{d}{dx} \int_a^x f(t)\,dt = \frac{d}{dx} \Big[F(t) \Big]_a^x = \frac{d}{dx} \{ F(x) - F(a) \}$$

$$= \frac{d}{dx} F(x) - \frac{d}{dx} F(a) = F'(x) = f(x)$$

정적분으로 정의된 함수의 극한

함수 $f(t)$의 한 부정적분을 $F(t)$라 하면 $F'(t) = f(t)$이므로

(1) $\displaystyle\lim_{x \to a} \frac{1}{x-a} \int_a^x f(t)\,dt = \lim_{x \to a} \frac{1}{x-a} \Big[F(t) \Big]_a^x$

$$= \lim_{x \to a} \frac{F(x) - F(a)}{x-a} = F'(a) = f(a)$$

(2) $\displaystyle\lim_{x \to 0} \frac{1}{x} \int_a^{x+a} f(t)\,dt = \lim_{x \to 0} \frac{1}{x} \Big[F(t) \Big]_a^{x+a}$

$$= \lim_{x \to 0} \frac{F(x+a) - F(a)}{x} = F'(a) = f(a)$$

개념 CHECK

정답과 해설 75쪽

1 다음을 구하시오.

(1) $\displaystyle\frac{d}{dx} \int_{-1}^x (t^2+2t)\,dt$

(2) $\displaystyle\frac{d}{dx} \int_0^x (3t^2+2t+1)\,dt$

2 모든 실수 x에 대하여 다음 등식을 만족시키는 다항함수 $f(x)$를 구하시오.

(1) $\displaystyle\int_0^x f(t)\,dt = x^2+3x$

(2) $\displaystyle\int_1^x f(t)\,dt = x^3-x^2+x-1$

적분 구간이 상수인 정적분을 포함한 등식

필.수.예.제
01

다음 등식을 만족시키는 다항함수 $f(x)$를 구하시오.

(1) $f(x) = x^2 - 2x + \int_0^3 f(t)\,dt$

(2) $f(x) = 12x^2 + 6x\int_0^1 f(t)\,dt + 2\int_0^1 tf(t)\,dt$

공략 Point

$f(x) = g(x) + \int_a^b f(t)\,dt$
꼴의 등식이 주어지면
$\int_a^b f(t)\,dt = k\,(k$는 상수$)$로
놓고 $f(x) = g(x) + k$임을
이용한다.

풀이

(1) $\int_0^3 f(t)\,dt = k\,(k$는 상수$)$로 놓으면	$f(x) = x^2 - 2x + k$ ····· ㉠
㉠을 $\int_0^3 f(t)\,dt = k$에 대입하면	$\int_0^3 (t^2 - 2t + k)\,dt = k,\ \left[\frac{1}{3}t^3 - t^2 + kt\right]_0^3 = k$ $9 - 9 + 3k = k$ ∴ $k = 0$
따라서 구하는 함수는	$f(x) = x^2 - 2x$

(2) $\int_0^1 f(t)\,dt = a,\ \int_0^1 tf(t)\,dt = b$ $(a, b$는 상수$)$로 놓으면	$f(x) = 12x^2 + 6ax + 2b$ ····· ㉠
㉠을 $\int_0^1 f(t)\,dt = a$에 대입하면	$\int_0^1 (12t^2 + 6at + 2b)\,dt = a$ $\left[4t^3 + 3at^2 + 2bt\right]_0^1 = a,\ 4 + 3a + 2b = a$ ∴ $a + b = -2$ ····· ㉡
㉠을 $\int_0^1 tf(t)\,dt = b$에 대입하면	$\int_0^1 (12t^3 + 6at^2 + 2bt)\,dt = b$ $\left[3t^4 + 2at^3 + bt^2\right]_0^1 = b$ $3 + 2a + b = b$ ∴ $a = -\frac{3}{2}$
$a = -\frac{3}{2}$을 ㉡에 대입하면	$-\frac{3}{2} + b = -2$ ∴ $b = -\frac{1}{2}$
따라서 구하는 함수는	$f(x) = 12x^2 - 9x - 1$

정답과 해설 **75쪽**

문제

01- **1**

다음 등식을 만족시키는 다항함수 $f(x)$를 구하시오.

(1) $f(x) = 3x^2 - 2x + \int_0^2 f(t)\,dt$

(2) $f(x) = x^2 - x + 2\int_{-1}^0 f(t)\,dt$

(3) $f(x) = x^2 + 2x + \int_0^1 tf(t)\,dt$

(4) $f(x) = 3x^2 + 4x\int_0^1 f(t)\,dt + \int_0^2 f(t)\,dt$

필.수.예.제 02

적분 구간에 변수가 있는 정적분을 포함한 등식

다항함수 $f(x)$가 모든 실수 x에 대하여 $\int_1^x f(t)\,dt = x^3 - 2x^2 + ax$를 만족시킬 때, $f(x)$를 구하시오. (단, a는 상수)

공략 Point

$\int_a^x f(t)\,dt = g(x)$ 꼴의 등식이 주어지면 양변을 x에 대하여 미분한다.
이때 함수 $g(x)$에 미정계수가 있으면 양변에 $x=a$를 대입하여 $\int_a^a f(t)\,dt = 0$임을 이용한다.

풀이

주어진 등식의 양변을 x에 대하여 미분하면	$\dfrac{d}{dx}\int_1^x f(t)\,dt = \dfrac{d}{dx}(x^3 - 2x^2 + ax)$ $\therefore f(x) = 3x^2 - 4x + a$
주어진 등식의 양변에 $x=1$을 대입하면	$\int_1^1 f(t)\,dt = 1 - 2 + a$ $0 = a - 1 \qquad \therefore a = 1$
따라서 구하는 함수는	$f(x) = 3x^2 - 4x + 1$

정답과 해설 75쪽

문제

02-1 다항함수 $f(x)$가 모든 실수 x에 대하여 $\int_3^x f(t)\,dt = x^3 - ax + 3$을 만족시킬 때, $f(x)$를 구하시오. (단, a는 상수)

02-2 다항함수 $f(x)$가 모든 실수 x에 대하여 $\int_a^x f(t)\,dt = 3x^3 + 5x^2 - 2x$를 만족시킬 때, $f(a)$의 값을 구하시오. (단, $a < 0$)

02-3 다항함수 $f(x)$가 모든 실수 x에 대하여 $xf(x) = 2x^3 - 3x^2 + \int_1^x f(t)\,dt$를 만족시킬 때, $f(-1)$의 값을 구하시오.

필.수.예.제 03

적분 구간과 적분하는 함수에 변수가 있는 정적분을 포함한 등식

📎 유형편 69쪽

다항함수 $f(x)$가 모든 실수 x에 대하여 $\displaystyle\int_1^x (x-t)f(t)\,dt = x^3 - ax^2 + 3x - 1$을 만족시킬 때, $f(2)$의 값을 구하시오. (단, a는 상수)

공략 Point

$\displaystyle\int_a^x (x-t)f(t)\,dt = g(x)$

꼴의 등식이 주어지면

$x\displaystyle\int_a^x f(t)\,dt - \int_a^x tf(t)\,dt$
$=g(x)$

이므로 양변을 x에 대하여 미분한다.

풀이

주어진 등식에서	$x\displaystyle\int_1^x f(t)\,dt - \int_1^x tf(t)\,dt = x^3 - ax^2 + 3x - 1$
양변을 x에 대하여 미분하면	$\displaystyle\int_1^x f(t)\,dt + xf(x) - xf(x) = 3x^2 - 2ax + 3$
	$\therefore \displaystyle\int_1^x f(t)\,dt = 3x^2 - 2ax + 3 \quad\cdots\cdots \text{㉠}$
양변을 다시 x에 대하여 미분하면	$f(x) = 6x - 2a$
㉠의 양변에 $x=1$을 대입하면	$\displaystyle\int_1^1 f(t)\,dt = 3 - 2a + 3$
	$0 = 6 - 2a \quad \therefore a = 3$
	$\therefore f(x) = 6x - 6$
따라서 구하는 값은	$f(2) = 12 - 6 = \mathbf{6}$

정답과 해설 76쪽

문제

03-1 다항함수 $f(x)$가 모든 실수 x에 대하여 $\displaystyle\int_{-1}^x (x-t)f(t)\,dt = x^3 + 6x^2 + 9x + 4$를 만족시킬 때, $f(3)$의 값을 구하시오.

03-2 다항함수 $f(x)$가 모든 실수 x에 대하여 $\displaystyle\int_2^x (x-t)f(t)\,dt = x^4 + ax^3 - 20x + 32$를 만족시킬 때, $f(1)$의 값을 구하시오. (단, a는 상수)

03-3 다항함수 $f(x)$가 모든 실수 x에 대하여 $\displaystyle\int_1^x (x-t)f(t)\,dt = x^3 - ax^2 + bx$를 만족시킬 때, 상수 a, b에 대하여 ab의 값을 구하시오.

정적분으로 정의된 함수의 극대, 극소

유형편 69쪽

필.수.예.제
04

공략 Point

정적분으로 정의된 함수의 극 값은 다음과 같은 순서로 구한다.
(1) $f'(x)$를 구한다.
(2) $f'(x)=0$인 x의 값을 구한다.
(3) (2)에서 구한 x의 값을 주어진 식에 대입하여 극댓값과 극솟값을 구한다.

함수 $f(x)=\displaystyle\int_2^x (4t^3-4t)\,dt$의 극댓값과 극솟값을 구하시오.

풀이

주어진 함수 $f(x)$를 x에 대하여 미분하면	$f'(x)=4x^3-4x=4x(x+1)(x-1)$
$f'(x)=0$인 x의 값은	$x=-1$ 또는 $x=0$ 또는 $x=1$

함수 $f(x)$의 증가와 감소를 표로 나타내면 오른쪽과 같다.

x	$\cdots$	-1	$\cdots$	0	$\cdots$	1	$\cdots$
$f'(x)$	$-$	0	$+$	0	$-$	0	$+$
$f(x)$	$\searrow$	극소	$\nearrow$	극대	$\searrow$	극소	$\nearrow$

함수 $f(x)$는 $x=0$에서 극대이므로 극댓값은	$f(0)=\displaystyle\int_2^0 (4t^3-4t)\,dt=\Big[t^4-2t^2\Big]_2^0=-8$
함수 $f(x)$는 $x=-1$, $x=1$에서 극소이므로 극솟값은	$f(-1)=\displaystyle\int_2^{-1} (4t^3-4t)\,dt=\Big[t^4-2t^2\Big]_2^{-1}=-9$ $f(1)=\displaystyle\int_2^1 (4t^3-4t)\,dt=\Big[t^4-2t^2\Big]_2^1=-9$
따라서 함수 $f(x)$의 극댓값과 극솟값은	**극댓값: -8, 극솟값: -9**

다른 풀이

주어진 함수 $f(x)$를 x에 대하여 미분하면	$f'(x)=4x^3-4x=4x(x+1)(x-1)$
$f(x)=\displaystyle\int f'(x)\,dx$이므로	$f(x)=\displaystyle\int (4x^3-4x)\,dx=x^4-2x^2+C$
주어진 등식의 양변에 $x=2$를 대입하면 $f(2)=0$이므로	$16-8+C=0$ $\therefore C=-8$ $\therefore f(x)=x^4-2x^2-8$
$f'(x)=0$인 x의 값은	$x=-1$ 또는 $x=0$ 또는 $x=1$

함수 $f(x)$의 증가와 감소를 표로 나타내면 오른쪽과 같다.

x	$\cdots$	-1	$\cdots$	0	$\cdots$	1	$\cdots$
$f'(x)$	$-$	0	$+$	0	$-$	0	$+$
$f(x)$	$\searrow$	-9 극소	$\nearrow$	-8 극대	$\searrow$	-9 극소	$\nearrow$

따라서 함수 $f(x)$는 $x=0$에서 극대, $x=-1$, $x=1$에서 극소이므로	**극댓값: -8, 극솟값: -9**

정답과 해설 76쪽

문제

04-**1** 함수 $f(x)=\displaystyle\int_0^x (3t^2+6t)\,dt$의 극댓값과 극솟값을 구하시오.

정적분으로 정의된 함수의 극한

필.수.예.제
05

다음 극한값을 구하시오.

(1) $\displaystyle\lim_{x \to 1} \frac{1}{x-1} \int_1^x (t^5 + 3t^2 + 2t + 1)\,dt$　　　(2) $\displaystyle\lim_{h \to 0} \frac{1}{h} \int_2^{2+h} (x^2 - x + 1)\,dx$

공략 Point

(1) $\displaystyle\lim_{x \to a} \frac{1}{x-a} \int_a^x f(t)\,dt$
　$= f(a)$

(2) $\displaystyle\lim_{h \to 0} \frac{1}{h} \int_a^{a+h} f(x)\,dx$
　$= f(a)$

풀이

(1) $f(t) = t^5 + 3t^2 + 2t + 1$이라 하고 함수 $f(t)$의 한 부정적분을 $F(t)$라 하면	$\displaystyle\lim_{x \to 1} \frac{1}{x-1} \int_1^x (t^5 + 3t^2 + 2t + 1)\,dt$ $\displaystyle= \lim_{x \to 1} \frac{1}{x-1} \int_1^x f(t)\,dt$ $\displaystyle= \lim_{x \to 1} \frac{1}{x-1} \Big[F(t) \Big]_1^x$ $\displaystyle= \lim_{x \to 1} \frac{F(x) - F(1)}{x-1}$
미분계수의 정의에 의하여	$= F'(1)$
$F'(t) = f(t)$이므로	$= f(1) = 1 + 3 + 2 + 1 = \mathbf{7}$

(2) $f(x) = x^2 - x + 1$이라 하고 함수 $f(x)$의 한 부정적분을 $F(x)$라 하면	$\displaystyle\lim_{h \to 0} \frac{1}{h} \int_2^{2+h} (x^2 - x + 1)\,dx$ $\displaystyle= \lim_{h \to 0} \frac{1}{h} \int_2^{2+h} f(x)\,dx$ $\displaystyle= \lim_{h \to 0} \frac{1}{h} \Big[F(x) \Big]_2^{2+h}$ $\displaystyle= \lim_{h \to 0} \frac{F(2+h) - F(2)}{h}$
미분계수의 정의에 의하여	$= F'(2)$
$F'(x) = f(x)$이므로	$= f(2) = 4 - 2 + 1 = \mathbf{3}$

정답과 해설 77쪽

문제

05-1 다음 극한값을 구하시오.

(1) $\displaystyle\lim_{x \to 2} \frac{1}{x-2} \int_2^x (3t^2 - 2t + 1)\,dt$　　　(2) $\displaystyle\lim_{h \to 0} \frac{1}{h} \int_1^{1+2h} (x^4 - x^3 - x^2 - 1)\,dx$

05-2 함수 $f(x) = -x^2 + 5x + 2$에 대하여 $\displaystyle\lim_{x \to 2} \frac{1}{x^2-4} \int_2^x f(t)\,dt$의 값을 구하시오.

연습문제

03 정적분 (2)

1 다항함수 $f(x)$가 $f(x)=x^3+x+\displaystyle\int_0^1 f'(t)\,dt$를 만족시킬 때, $f(1)$의 값을 구하시오.

2 다항함수 $f(x)$가
$$f(x)=6x^2+\int_0^1 (x+t)f(t)\,dt$$
를 만족시킬 때, $f(-1)$의 값을 구하시오.

수능

3 다항함수 $f(x)$가 모든 실수 x에 대하여
$$\int_1^x \left\{\frac{d}{dt}f(t)\right\}dt=x^3+ax^2-2$$
를 만족시킬 때, $f'(a)$의 값은? (단, a는 상수이다.)

① 1 ② 2 ③ 3
④ 4 ⑤ 5

4 다항함수 $f(x)$가 모든 실수 x에 대하여
$$\int_0^x f(t)\,dt=x^3+x^2-x\int_0^1 f(t)\,dt$$
를 만족시킬 때, $f(2)$의 값은?

① 12 ② 13 ③ 14
④ 15 ⑤ 16

5 다항함수 $f(x)$가 모든 실수 x에 대하여
$$f(x)=x+\int_3^x (6t^2-2t)\,dt$$
를 만족시킬 때, $f'(2)+f(-1)$의 값을 구하시오.

6 모든 실수 x에서 연속인 함수 $f(x)$가
$$\int_a^x f(t)\,dt=(x-1)|x-a|$$
를 만족시킬 때, 상수 a의 값을 구하시오.

7 다항함수 $f(x)$가 모든 실수 x에 대하여
$$\int_1^x (x-t)f(t)\,dt=ax^2+2x-1$$
을 만족시킬 때, $\displaystyle\int_{-1}^2 f(x)\,dx$의 값은?

(단, a는 상수)

① -10 ② -8 ③ -6
④ -4 ⑤ -2

8 다항함수 $f(x)$의 한 부정적분을 $F(x)$라 하면
$$F(x)=\int_1^x x(2t+3)\,dt$$
를 만족시킬 때, $f'(-1)$의 값을 구하시오.

연습문제

9 함수 $f(x)=\displaystyle\int_{x}^{x+a}(t^2-2t)\,dt$가 $x=-2$에서 극솟값 b를 가질 때, $a+b$의 값은? (단, $a>0$)

① 18   ② 19   ③ 20

④ 21   ⑤ 22

10 최고차항의 계수가 1인 삼차함수 $f(x)$가 다음 조건을 모두 만족시킬 때, $f(3)$의 값을 구하시오.

> (가) $\displaystyle\lim_{x\to0}\frac{1}{x}\int_{0}^{2x}f'(t)\,dt=-4$
>
> (나) $\displaystyle\lim_{x\to2}\frac{1}{x-2}\int_{2}^{x}f(t)\,dt=-2$
>
> (다) $\displaystyle\lim_{x\to0}\frac{1}{x}\int_{1-x}^{1+x}f(t)\,dt=16$

실력

수능

11 다항함수 $f(x)$가 다음 조건을 만족시킨다.

> (가) 모든 실수 x에 대하여
> $$\int_{1}^{x}f(t)\,dt=\frac{x-1}{2}\{f(x)+f(1)\}$$이다.
>
> (나) $\displaystyle\int_{0}^{2}f(x)\,dx=5\int_{-1}^{1}xf(x)\,dx$

$f(0)=1$일 때, $f(4)$의 값을 구하시오.

교육청

12 최고차항의 계수가 양수인 이차함수 $f(x)$에 대하여
$$g(x)=\int_{0}^{x}tf(t)\,dt$$
라 할 때, 보기에서 옳은 것만을 있는 대로 고른 것은?

> **◆보기◆**
>
> ㄱ. $g'(0)=0$
>
> ㄴ. 양수 α에 대하여 $g(\alpha)=0$이면 방정식 $f(x)=0$은 열린구간 $(0,\ \alpha)$에서 적어도 하나의 실근을 갖는다.
>
> ㄷ. 양수 β에 대하여 $f(\beta)=g(\beta)=0$이면 모든 실수 x에 대하여 $\displaystyle\int_{\beta}^{x}tf(t)\,dt\geq0$이다.

① ㄱ   ② ㄷ   ③ ㄱ, ㄴ

④ ㄴ, ㄷ   ⑤ ㄱ, ㄴ, ㄷ

13 함수 $y=f(x)$의 그래프가 오른쪽 그림과 같고 $\displaystyle\int_{0}^{1}f(x)\,dx=2,$

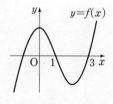

$\displaystyle\int_{1}^{3}f(x)\,dx=-4$일 때, 구간 $[0,\ 3]$에서 함수 $F(x)=\displaystyle\int_{0}^{x}f(t)\,dt$의 최댓값과 최솟값의 곱을 구하시오.

Ⅲ

적분

1 넓이

1 정적분과 넓이의 관계

함수 $f(x)$가 닫힌구간 $[a, b]$에서 연속이고 $f(x) \geq 0$일 때, 곡선
$y=f(x)$와 x축 및 두 직선 $x=a$, $x=b$로 둘러싸인 도형의 넓이 S는

$$S=\int_a^b f(x)\,dx$$

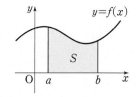

2 곡선과 x축 사이의 넓이

함수 $f(x)$가 닫힌구간 $[a, b]$에서 연속일 때, 곡선 $y=f(x)$와 x축 및 두 직선 $x=a$, $x=b$
로 둘러싸인 도형의 넓이 S는

$$S=\int_a^b |f(x)|\,dx$$

예 곡선 $y=x^2-3x$와 x축 및 두 직선 $x=-1$, $x=2$로 둘러싸인 도형의 넓이를 구해 보자.

곡선 $y=x^2-3x$와 x축의 교점의 x좌표를 구하면

$x^2-3x=0$, $x(x-3)=0$ ∴ $x=0$ 또는 $x=3$

따라서 $-1 \leq x \leq 0$에서 $y \geq 0$, $0 \leq x \leq 2$에서 $y \leq 0$이므로 구하는 넓이를 S라
하면

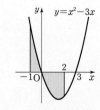

$$S=\int_{-1}^0 (x^2-3x)\,dx-\int_0^2 (x^2-3x)\,dx$$

$$=\left[\frac{1}{3}x^3-\frac{3}{2}x^2\right]_{-1}^0-\left[\frac{1}{3}x^3-\frac{3}{2}x^2\right]_0^2=\frac{31}{6}$$

참고 ・곡선과 x축 및 두 직선 $x=a$, $x=b$로 둘러싸인 도형의 넓이를 구할 때는 닫힌구간 $[a, b]$에서 생각한다.

・오른쪽 그림과 같이 곡선 $y=f(x)$와 x축으로 둘러싸인 두 도형의 넓이가
서로 같으면

$$\int_a^b f(x)\,dx=0$$

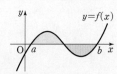

3 두 곡선 사이의 넓이

두 함수 $f(x)$, $g(x)$가 닫힌구간 $[a, b]$에서 연속일 때, 두 곡선 $y=f(x)$, $y=g(x)$와 두
직선 $x=a$, $x=b$로 둘러싸인 도형의 넓이 S는

$$S=\int_a^b |f(x)-g(x)|\,dx$$

예 곡선 $y=-x^2+2$와 직선 $y=x$로 둘러싸인 도형의 넓이를 구해 보자.

곡선 $y=-x^2+2$와 직선 $y=x$의 교점의 x좌표를 구하면

$-x^2+2=x$, $(x+2)(x-1)=0$ ∴ $x=-2$ 또는 $x=1$

따라서 $-2 \leq x \leq 1$에서 $-x^2+2 \geq x$이므로 구하는 넓이를 S라 하면

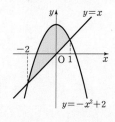

$$S=\int_{-2}^1 \{(-x^2+2)-x\}\,dx=\int_{-2}^1 (-x^2-x+2)\,dx$$

$$=\left[-\frac{1}{3}x^3-\frac{1}{2}x^2+2x\right]_{-2}^1=\frac{9}{2}$$

4 역함수의 그래프와 넓이

함수 $y=f(x)$와 그 역함수 $y=g(x)$의 그래프로 둘러싸인 도형의 넓이는 함수 $y=f(x)$와 그 역함수 $y=g(x)$의 그래프가 직선 $y=x$에 대하여 대칭임을 이용하여 다음과 같이 구한다.

(1) **함수의 그래프와 그 역함수의 그래프로 둘러싸인 도형의 넓이**

오른쪽 그림과 같이 함수 $y=f(x)$와 그 역함수 $y=g(x)$의 그래프의 두 교점의 x좌표가 a, b일 때, 두 곡선으로 둘러싸인 도형의 넓이 S는 곡선 $y=f(x)$와 직선 $y=x$로 둘러싸인 도형의 넓이의 2배와 같으므로

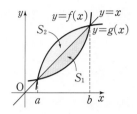

$$S=\int_a^b |f(x)-g(x)|\,dx$$
$$=2\int_a^b |f(x)-x|\,dx \quad \blacktriangleleft S_1=S_2$$

예 함수 $f(x)=x^2\,(x \geq 0)$과 그 역함수 $y=g(x)$의 그래프로 둘러싸인 도형의 넓이를 구해 보자.

곡선 $y=f(x)$와 직선 $y=x$의 교점의 x좌표를 구하면

$x^2=x$, $x^2-x=0$, $x(x-1)=0$ $\qquad \therefore x=0$ 또는 $x=1$

따라서 $0 \leq x \leq 1$에서 $x \geq x^2$이므로 구하는 넓이를 S라 하면

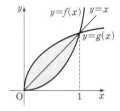

$$S=2\int_0^1 (x-x^2)\,dx=2\left[\frac{1}{2}x^2-\frac{1}{3}x^3\right]_0^1=\frac{1}{3}$$

(2) **역함수의 그래프와 좌표축으로 둘러싸인 도형의 넓이**

오른쪽 그림과 같이 곡선 $y=f(x)$가 점 (a, c)를 지날 때, 함수 $y=f(x)$의 역함수 $y=g(x)$의 그래프와 x축 및 직선 $x=c$로 둘러싸인 도형의 넓이 A는

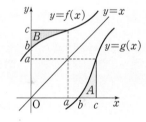

$$A=B$$
$$=\underbrace{ac}_{\text{직사각형의 넓이}}-\int_0^a f(x)\,dx$$

개념 PLUS

곡선과 x축 사이의 넓이

함수 $f(x)$가 닫힌구간 $[a, b]$에서 연속일 때, 곡선 $y=f(x)$와 x축 및 두 직선 $x=a$, $x=b$로 둘러싸인 도형의 넓이를 S라 하자.

(1) 닫힌구간 $[a, b]$에서 $f(x) \geq 0$일 때,
정적분과 넓이의 관계에 의하여

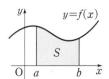

$$S=\int_a^b f(x)\,dx$$
$$=\int_a^b |f(x)|\,dx$$

(2) 닫힌구간 $[a, b]$에서 $f(x) \leq 0$일 때,

곡선 $y=f(x)$는 곡선 $y=-f(x)$와 x축에 대하여 대칭이므로 넓이 S는 곡선 $y=-f(x)$와 x축 및 두 직선 $x=a$, $x=b$로 둘러싸인 도형의 넓이와 같다. 이때 $-f(x) \geq 0$이므로

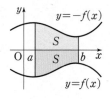

$$S=\int_a^b \{-f(x)\} \, dx$$

$$=\int_a^b |f(x)| \, dx$$

(3) 닫힌구간 $[a, c]$에서 $f(x) \geq 0$이고, 닫힌구간 $[c, b]$에서 $f(x) \leq 0$일 때,

$$S=\int_a^c f(x) \, dx + \int_c^b \{-f(x)\} \, dx$$

$$=\int_a^c |f(x)| \, dx + \int_c^b |f(x)| \, dx$$

$$=\int_a^b |f(x)| \, dx$$

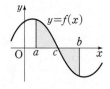

두 곡선 사이의 넓이

두 함수 $f(x)$, $g(x)$가 닫힌구간 $[a, b]$에서 연속일 때, 두 곡선 $y=f(x)$, $y=g(x)$ 및 두 직선 $x=a$, $x=b$로 둘러싸인 도형의 넓이를 S라 하자.

(1) 닫힌구간 $[a, b]$에서 $f(x) \geq g(x) \geq 0$일 때,

$\quad S=$(도형 PABQ의 넓이)$-$(도형 P′ABQ′의 넓이)

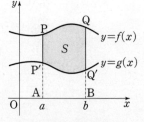

$$=\int_a^b f(x) \, dx - \int_a^b g(x) \, dx$$

$$=\int_a^b \{f(x)-g(x)\} \, dx$$

$$=\int_a^b |f(x)-g(x)| \, dx \qquad \blacktriangleleft f(x) \geq g(x)$$

(2) 닫힌구간 $[a, b]$에서 $f(x) \geq g(x)$이고, $f(x)$ 또는 $g(x)$의 값이 음수일 때, 두 곡선을 각각 y축의 방향으로 k만큼 평행이동하여 $f(x)+k \geq g(x)+k \geq 0$이 되도록 할 수 있다.

이때 평행이동한 도형의 넓이는 변하지 않으므로

$\quad S=S'=$(도형 PABQ의 넓이)$-$(도형 P′ABQ′의 넓이)

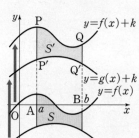

$$=\int_a^b \{f(x)+k\} \, dx - \int_a^b \{g(x)+k\} \, dx$$

$$=\int_a^b \{f(x)+k-g(x)-k\} \, dx$$

$$=\int_a^b \{f(x)-g(x)\} \, dx$$

$$=\int_a^b |f(x)-g(x)| \, dx \qquad \blacktriangleleft f(x) \geq g(x)$$

(3) 닫힌구간 $[a, c]$에서 $f(x) \geq g(x)$이고, 닫힌구간 $[c, b]$에서 $f(x) \leq g(x)$일 때,

$\quad S=S_1+S_2$

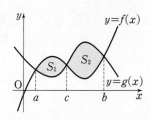

$$=\int_a^c \{f(x)-g(x)\} \, dx + \int_c^b \{g(x)-f(x)\} \, dx$$

$$=\underbrace{\int_a^c |f(x)-g(x)| \, dx}_{f(x) \geq g(x)} + \underbrace{\int_c^b |f(x)-g(x)| \, dx}_{f(x) \leq g(x)}$$

$$=\int_a^b |f(x)-g(x)| \, dx$$

곡선과 x축 사이의 넓이

✏ 유형편 **73쪽**

필.수.예.제
01

다음 물음에 답하시오.

(1) 곡선 $y=x^3-3x^2+2x$와 x축으로 둘러싸인 도형의 넓이를 구하시오.

(2) 곡선 $y=-x^2+2x+3$과 x축 및 두 직선 $x=-2$, $x=2$로 둘러싸인 도형의 넓이를 구하시오.

공략 Point

곡선 $y=f(x)$와 x축 사이의 넓이는 곡선 $y=f(x)$와 x축의 교점의 x좌표를 구한 후 $f(x)\geq 0$, $f(x)\leq 0$인 구간으로 나누어 구한다.

풀이

(1) 곡선 $y=x^3-3x^2+2x$와 x축의 교점의 x좌표를 구하면	$x^3-3x^2+2x=0$ $x(x-1)(x-2)=0$ $\therefore x=0$ 또는 $x=1$ 또는 $x=2$	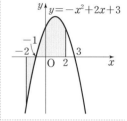
$0\leq x\leq 1$에서 $y\geq 0$이고, $1\leq x\leq 2$에서 $y\leq 0$이므로 구하는 넓이를 S라 하면	$S=\displaystyle\int_0^1 (x^3-3x^2+2x)\,dx-\int_1^2 (x^3-3x^2+2x)\,dx$ $=\left[\dfrac{1}{4}x^4-x^3+x^2\right]_0^1-\left[\dfrac{1}{4}x^4-x^3+x^2\right]_1^2=\dfrac{1}{2}$	
(2) 곡선 $y=-x^2+2x+3$과 x축의 교점의 x좌표를 구하면	$-x^2+2x+3=0$ $(x+1)(x-3)=0$ $\therefore x=-1$ 또는 $x=3$	
$-2\leq x\leq -1$에서 $y\leq 0$이고, $-1\leq x\leq 2$에서 $y\geq 0$이므로 구하는 넓이를 S라 하면	$S=-\displaystyle\int_{-2}^{-1} (-x^2+2x+3)\,dx+\int_{-1}^2 (-x^2+2x+3)\,dx$ $=-\left[-\dfrac{1}{3}x^3+x^2+3x\right]_{-2}^{-1}+\left[-\dfrac{1}{3}x^3+x^2+3x\right]_{-1}^2=\dfrac{34}{3}$	

정답과 해설 80쪽

문제

01-1 다음 곡선과 x축으로 둘러싸인 도형의 넓이를 구하시오.

(1) $y=-x^2+4x$ 　　　　　　　　　　(2) $y=x^2-x-2$

(3) $y=x^3-4x$ 　　　　　　　　　　(4) $y=x^3-2x^2-x+2$

01-2 다음 곡선과 x축 및 두 직선으로 둘러싸인 도형의 넓이를 구하시오.

(1) $y=-x^2+3x$, $x=1$, $x=2$ 　　　　(2) $y=x^3-4x^2+4x$, $x=-2$, $x=2$

두 곡선 사이의 넓이

유형편 73쪽

필.수.예.제 02

다음 물음에 답하시오.

(1) 곡선 $y=x^2-2$와 직선 $y=x$로 둘러싸인 도형의 넓이를 구하시오.

(2) 두 곡선 $y=x^3-2x^2$, $y=x^2-2x$로 둘러싸인 도형의 넓이를 구하시오.

공략 Point

두 곡선 사이의 넓이를 구할 때는 두 곡선의 교점의 x좌표를 구하여 적분 구간을 정한 후 두 곡선 사이의 위치 관계를 파악한다.

풀이

(1) 곡선 $y=x^2-2$와 직선 $y=x$의 교점의 x좌표를 구하면	$x^2-2=x$, $x^2-x-2=0$ $(x+1)(x-2)=0$ $\therefore x=-1$ 또는 $x=2$	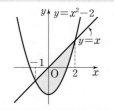
$-1 \le x \le 2$에서 $x \ge x^2-2$이므로 구하는 넓이를 S라 하면	$S=\displaystyle\int_{-1}^{2}\{x-(x^2-2)\}\,dx=\int_{-1}^{2}(-x^2+x+2)\,dx$ $=\left[-\dfrac{1}{3}x^3+\dfrac{1}{2}x^2+2x\right]_{-1}^{2}=\dfrac{9}{2}$	
(2) 두 곡선 $y=x^3-2x^2$, $y=x^2-2x$의 교점의 x좌표를 구하면	$x^3-2x^2=x^2-2x$ $x^3-3x^2+2x=0$ $x(x-1)(x-2)=0$ $\therefore x=0$ 또는 $x=1$ 또는 $x=2$	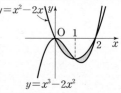
$0 \le x \le 1$에서 $x^3-2x^2 \ge x^2-2x$이고, $1 \le x \le 2$에서 $x^2-2x \ge x^3-2x^2$이므로 구하는 넓이를 S라 하면	$S=\displaystyle\int_{0}^{1}\{(x^3-2x^2)-(x^2-2x)\}\,dx$ $\qquad +\displaystyle\int_{1}^{2}\{(x^2-2x)-(x^3-2x^2)\}\,dx$ $=\displaystyle\int_{0}^{1}(x^3-3x^2+2x)\,dx+\int_{1}^{2}(-x^3+3x^2-2x)\,dx$ $=\left[\dfrac{1}{4}x^4-x^3+x^2\right]_{0}^{1}+\left[-\dfrac{1}{4}x^4+x^3-x^2\right]_{1}^{2}=\dfrac{1}{2}$	

정답과 해설 80쪽

문제

02-**1** 곡선 $y=x^2-x-1$과 직선 $y=-2x+1$로 둘러싸인 도형의 넓이를 구하시오.

02-**2** 두 곡선 $y=x^2-4x$, $y=-x^2+4x-6$으로 둘러싸인 도형의 넓이를 구하시오.

곡선과 접선으로 둘러싸인 도형의 넓이

유형편 74쪽

필.수.예.제 03

다음 물음에 답하시오.

(1) 곡선 $y=x^3-3x^2+x+5$와 이 곡선 위의 점 $(0, 5)$에서의 접선으로 둘러싸인 도형의 넓이를 구하시오.

(2) 곡선 $y=x^2+1$과 원점에서 이 곡선에 그은 두 접선으로 둘러싸인 도형의 넓이를 구하시오.

공략 Point

곡선 $y=f(x)$ 위의 점 $(a, f(a))$에서의 접선의 기울기는 $f'(a)$임을 이용하여 접선의 방정식을 구한 후 곡선과 접선으로 둘러싸인 도형의 넓이를 구한다.

풀이

(1) $f(x)=x^3-3x^2+x+5$라 하면

점 $(0, 5)$에서의 접선의 기울기는 $f'(0)=1$이므로 접선의 방정식은

곡선 $y=x^3-3x^2+x+5$와 직선 $y=x+5$의 교점의 x좌표를 구하면

$f'(x)=3x^2-6x+1$

$y-5=x$

$\therefore y=x+5$

$x^3-3x^2+x+5=x+5$

$x^2(x-3)=0$

$\therefore x=0$ 또는 $x=3$

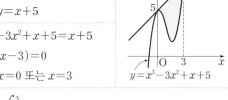

$0 \le x \le 3$에서 $x+5 \ge x^3-3x^2+x+5$ 이므로 구하는 넓이를 S라 하면

$$S=\int_0^3 \{(x+5)-(x^3-3x^2+x+5)\}\,dx$$
$$=\int_0^3 (-x^3+3x^2)\,dx=\left[-\frac{1}{4}x^4+x^3\right]_0^3=\frac{27}{4}$$

(2) $f(x)=x^2+1$이라 하면

접점의 좌표를 (t, t^2+1)이라 하면 이 점에서의 접선의 기울기는 $f'(t)=2t$ 이므로 접선의 방정식은

이 직선이 원점을 지나므로

따라서 접선의 방정식은

곡선과 두 접선으로 둘러싼 도형이 y 축에 대하여 대칭이고, $0 \le x \le 1$에서 $x^2+1 \ge 2x$이므로 구하는 넓이를 S라 하면

$f'(x)=2x$

$y-(t^2+1)=2t(x-t)$

$\therefore y=2tx-t^2+1$

$0=-t^2+1, t^2=1$

$\therefore t=-1$ 또는 $t=1$

$y=-2x$ 또는 $y=2x$

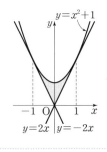

$$S=2\int_0^1 \{(x^2+1)-2x\}\,dx$$
$$=2\int_0^1 (x^2-2x+1)\,dx=2\left[\frac{1}{3}x^3-x^2+x\right]_0^1=\frac{2}{3}$$

정답과 해설 81쪽

문제

03-1

다음 물음에 답하시오.

(1) 곡선 $y=x^3-x^2+2$와 이 곡선 위의 점 $(1, 2)$에서의 접선으로 둘러싸인 도형의 넓이를 구하시오.

(2) 곡선 $y=-x^2-4$와 원점에서 이 곡선에 그은 두 접선으로 둘러싸인 도형의 넓이를 구하시오.

두 도형의 넓이가 같은 경우

◈ 유형편 74쪽

필.수.예.제 04

오른쪽 그림과 같이 곡선 $y=x^2-4x+k$와 x축 및 y축으로 둘러싸인 도형의 넓이를 A, 이 곡선과 x축으로 둘러싸인 도형의 넓이를 B라 할 때, $A:B=1:2$이다. 이때 상수 k의 값을 구하시오. (단, $0<k<4$)

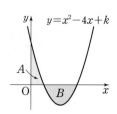

공략 Point

곡선 $y=f(x)$와 x축으로 둘러싸인 두 도형의 넓이가 서로 같으면

$$\int_a^b f(x)\,dx=0$$

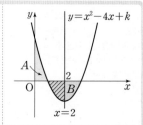

풀이

$A:B=1:2$이고 곡선 $y=x^2-4x+k$는 직선 $x=2$에 대하여 대칭이므로 오른쪽 그림에서 빗금 친 부분의 넓이는	$\dfrac{1}{2}B=A$
따라서 곡선 $y=x^2-4x+k$와 x축, y축 및 직선 $x=2$로 둘러싸인 두 도형의 넓이가 서로 같으므로	$\displaystyle\int_0^2 (x^2-4x+k)\,dx=0$ $\left[\dfrac{1}{3}x^3-2x^2+kx\right]_0^2=0$ $\dfrac{8}{3}-8+2k=0$ $\therefore k=\dfrac{8}{3}$

정답과 해설 81쪽

문제

04-1
곡선 $y=x(x-a)(x-1)$과 x축으로 둘러싸인 두 도형의 넓이가 서로 같을 때, 상수 a의 값을 구하시오. (단, $0<a<1$)

04-2
오른쪽 그림과 같이 곡선 $y=-x^2+2x+k$와 x축 및 y축으로 둘러싸인 도형의 넓이를 A, 이 곡선과 x축으로 둘러싸인 도형의 넓이를 B라 할 때, $A:B=1:2$이다. 이때 상수 k의 값을 구하시오.
(단, $-1<k<0$)

◈ 유형편 **75쪽**

도형의 넓이를 이등분하는 경우

필.수.예.제
05

공략 Point

곡선 $y=f(x)$와 x축으로 둘러싸인 도형의 넓이 S가 곡선 $y=g(x)$에 의하여 이등분되면

$$S=2\int_0^a \{f(x)-g(x)\}\,dx$$

곡선 $y=x^2-3x$와 직선 $y=ax$로 둘러싸인 도형의 넓이가 x축에 의하여 이등분될 때, 양수 a에 대하여 $(a+3)^3$의 값을 구하시오.

풀이

곡선 $y=x^2-3x$와 직선 $y=ax$의 교점의 x좌표를 구하면	$x^2-3x=ax$ $x\{x-(a+3)\}=0$ $\therefore x=0$ 또는 $x=a+3$	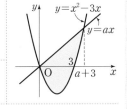
곡선 $y=x^2-3x$와 x축의 교점의 x좌표를 구하면	$x^2-3x=0,\ x(x-3)=0$ $\therefore x=0$ 또는 $x=3$	
$0\le x\le a+3$에서 $ax\ge x^2-3x$이므로 곡선 $y=x^2-3x$와 직선 $y=ax$로 둘러싸인 도형의 넓이를 S_1이라 하면	$S_1=\int_0^{a+3}\{ax-(x^2-3x)\}\,dx$ $=\int_0^{a+3}\{-x^2+(a+3)x\}\,dx$ $=\left[-\dfrac{1}{3}x^3+\dfrac{a+3}{2}x^2\right]_0^{a+3}=\dfrac{(a+3)^3}{6}$	
$0\le x\le 3$에서 $x^2-3x\le0$이므로 곡선 $y=x^2-3x$와 x축으로 둘러싸인 도형의 넓이를 S_2라 하면	$S_2=-\int_0^3(x^2-3x)\,dx$ $=-\left[\dfrac{1}{3}x^3-\dfrac{3}{2}x^2\right]_0^3=\dfrac{9}{2}$	
주어진 조건에서 $S_1=2S_2$이므로	$\dfrac{(a+3)^3}{6}=2\times\dfrac{9}{2}$ $\therefore (a+3)^3=\mathbf{54}$	

정답과 해설 82쪽

문제

05-**1** 곡선 $y=x^2-4x$와 x축으로 둘러싸인 도형의 넓이가 직선 $y=ax$에 의하여 이등분될 때, 상수 a에 대하여 $(a+4)^3$의 값을 구하시오.

05-**2** 곡선 $y=x^2-2x$와 x축으로 둘러싸인 도형의 넓이가 곡선 $y=ax^2$에 의하여 이등분될 때, 음수 a의 값을 구하시오.

역함수의 그래프와 넓이

필.수.예.제
06

다음 물음에 답하시오.

(1) 함수 $f(x)=\dfrac{1}{3}x^2\,(x\geq0)$의 역함수를 $g(x)$라 할 때, 두 곡선 $y=f(x)$, $y=g(x)$로 둘러싸인 도형의 넓이를 구하시오.

(2) 함수 $f(x)=x^3-3x^2+4x$의 역함수를 $g(x)$라 할 때, $\displaystyle\int_1^3 f(x)\,dx+\int_2^{12} g(x)\,dx$의 값을 구하시오.

공략 Point

(1) 함수 $y=f(x)$와 그 역함수 $y=g(x)$의 그래프로 둘러싸인 도형의 넓이는 곡선 $y=f(x)$와 직선 $y=x$로 둘러싼 도형의 넓이의 2배와 같다.
(2) 함수 $y=f(x)$와 그 역함수 $y=g(x)$의 그래프는 직선 $y=x$에 대하여 대칭이다.

풀이

(1) 두 곡선 $y=f(x)$, $y=g(x)$는 직선 $y=x$에 대하여 대칭이므로 두 곡선으로 둘러싸인 도형의 넓이는 곡선 $y=f(x)$와 직선 $y=x$로 둘러싸인 도형의 넓이의 2배와 같다.

곡선 $y=f(x)$와 직선 $y=x$의 교점의 x좌표를 구하면	$\dfrac{1}{3}x^2=x$, $x(x-3)=0$ $\therefore x=0$ 또는 $x=3$	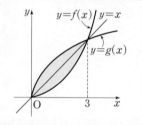
$0\leq x\leq3$에서 $x\geq\dfrac{1}{3}x^2$이므로 구하는 넓이를 S라 하면	$S=2\displaystyle\int_0^3\left(x-\dfrac{1}{3}x^2\right)dx$ $=2\left[\dfrac{1}{2}x^2-\dfrac{1}{9}x^3\right]_0^3=\mathbf{3}$	

(2) 두 함수 $y=f(x)$, $y=g(x)$의 그래프는 직선 $y=x$에 대하여 대칭이고 $f(1)=2$, $f(3)=12$이므로 $g(2)=1$, $g(12)=3$이다.

$\displaystyle\int_1^3 f(x)\,dx=S_1$, $\displaystyle\int_2^{12} g(x)\,dx=S_2$라 하면 오른쪽 그림에서 빗금 친 두 부분의 넓이가 서로 같으므로 구하는 값은	$\displaystyle\int_1^3 f(x)\,dx+\int_2^{12} g(x)\,dx$ $=S_1+S_2$ $=3\times12-1\times2$ $=\mathbf{34}$	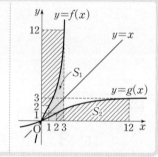

정답과 해설 82쪽

문제

06-**1**

다음 물음에 답하시오.

(1) 함수 $f(x)=x^4\,(x\geq0)$의 역함수를 $g(x)$라 할 때, 두 곡선 $y=f(x)$, $y=g(x)$로 둘러싸인 도형의 넓이를 구하시오.

(2) 함수 $f(x)=x^3+x-1$의 역함수를 $g(x)$라 할 때, $\displaystyle\int_1^2 f(x)\,dx+\int_1^9 g(x)\,dx$의 값을 구하시오.

곡선과 y축 사이의 넓이

함수 $g(y)$가 닫힌구간 $[c, d]$에서 연속일 때, 곡선 $x=g(y)$와 y축 및 두 직선 $y=c$, $y=d$로 둘러싸인 도형의 넓이를 S라 하자.

(1) 닫힌구간 $[c, d]$에서 $g(y) \geq 0$일 때,

정적분과 넓이의 관계에 의하여

$$S=\int_{c}^{d} g(y)\,dy=\int_{c}^{d} |g(y)|\,dy$$

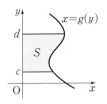

(2) 닫힌구간 $[c, d]$에서 $g(y) \leq 0$일 때,

곡선 $x=g(y)$는 곡선 $x=-g(y)$와 y축에 대하여 대칭이고 $-g(y) \geq 0$이므로

$$S=\int_{c}^{d} \{-g(y)\}\,dy=\int_{c}^{d} |g(y)|\,dy$$

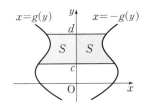

(3) 닫힌구간 $[c, e]$에서 $g(y) \geq 0$이고, 닫힌구간 $[e, d]$에서 $g(y) \leq 0$일 때,

$$S=\int_{c}^{e} g(y)\,dy+\int_{e}^{d} \{-g(y)\}\,dy$$
$$=\int_{c}^{e} |g(y)|\,dy+\int_{e}^{d} |g(y)|\,dy$$
$$=\int_{c}^{d} |g(y)|\,dy$$

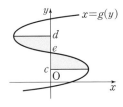

함수 $g(y)$가 닫힌구간 $[c, d]$에서 연속일 때, 곡선 $x=g(y)$와 y축 및 두 직선 $y=c$, $y=d$로 둘러싸인 도형의 넓이 S는

$$S=\int_{c}^{d} |g(y)|\,dy$$

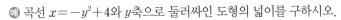

예 곡선 $x=-y^2+4$와 y축으로 둘러싸인 도형의 넓이를 구하시오.

풀이 곡선 $x=-y^2+4$와 y축의 교점의 y좌표를 구하면

$-y^2+4=0$, $(y+2)(y-2)=0$

$\therefore y=-2$ 또는 $y=2$

$-2 \leq y \leq 2$에서 $-y^2+4 \geq 0$이므로 구하는 넓이를 S라 하면

$$S=\int_{-2}^{2} (-y^2+4)\,dy$$
$$=2\int_{0}^{2} (-y^2+4)\,dy$$
$$=2\left[-\frac{1}{3}y^3+4y\right]_{0}^{2}=\frac{32}{3}$$

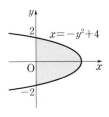

속도와 거리

1 수직선 위를 움직이는 점의 위치와 움직인 거리

수직선 위를 움직이는 점 P의 시각 t에서의 속도가 $v(t)$이고 시각 $t=a$에서의 점 P의 위치가 x_0
일 때

(1) 시각 t에서의 점 P의 위치 x는 $x=x_0+\displaystyle\int_a^t v(t)\,dt$

(2) 시각 $t=a$에서 $t=b$까지 점 P의 위치의 변화량은 $\displaystyle\int_a^b v(t)\,dt$

(3) 시각 $t=a$에서 $t=b$까지 점 P가 움직인 거리는 $\displaystyle\int_a^b |v(t)|\,dt$

예 원점을 출발하여 수직선 위를 움직이는 점 P의 시각 t에서의 속도가 $v(t)=-2t+4$일 때

  (1) 시각 $t=3$에서의 점 P의 위치는 $0+\displaystyle\int_0^3 (-2t+4)\,dt=\Big[-t^2+4t\Big]_0^3=3$

  (2) 시각 $t=1$에서 $t=3$까지 점 P의 위치의 변화량은 $\displaystyle\int_1^3 (-2t+4)\,dt=\Big[-t^2+4t\Big]_1^3=0$

  (3) 시각 $t=1$에서 $t=3$까지 점 P가 움직인 거리는

$$\int_1^3 |-2t+4|\,dt=\int_1^2 (-2t+4)\,dt+\int_2^3 (2t-4)\,dt=\Big[-t^2+4t\Big]_1^2+\Big[t^2-4t\Big]_2^3=2$$

참고 • $v(t)>0$이면 점 P는 양의 방향으로 움직이고 $v(t)<0$이면 점 P는 음의 방향으로 움직인다.
     • 물체가 정지하거나 운동 방향을 바꿀 때의 속도는 0이다.

개념 PLUS

수직선 위를 움직이는 점의 위치와 움직인 거리

수직선 위를 움직이는 점 P의 시각 t에서의 속도가 $v(t)$일 때, 점 P의 위치를 $x=f(t)$라 하자.

(1) **시각 t에서의 점 P의 위치**

    시각 $t=a$에서의 점 P의 위치를 $f(a)=x_0$이라 하면 점 P의 속도 $v(t)=\dfrac{dx}{dt}=f'(t)$이므로

$$\int_a^t v(t)\,dt=f(t)-f(a) \quad\cdots\cdots\ \text{㉠}$$

    이때 $x=f(t)$, $x_0=f(a)$이므로

$$\int_a^t v(t)\,dt=x-x_0 \qquad \therefore\ x=x_0+\int_a^t v(t)\,dt$$

(2) **시각 $t=a$에서 $t=b$까지 점 P의 위치의 변화량**

    ㉠에 의하여 시각 $t=a$에서 $t=b$까지 점 P의 위치의 변화량은

$$f(b)-f(a)=\int_a^b v(t)\,dt \qquad \blacktriangleleft \text{(시각 } t=b\text{에서의 위치)}-\text{(시각 } t=a\text{에서의 위치)}$$

(3) **시각 $t=a$에서 $t=b$까지 점 P가 움직인 거리**

    점 P의 시각 t에서의 속도 $v(t)$의 그래프가 오른쪽 그림과 같을 때, 점 P가
시각 $t=a$에서 $t=b$까지 움직인 거리를 s라 하면 s는 $v(t)$의 그래프와 t축
및 두 직선 $t=a$, $t=b$로 둘러싸인 도형의 넓이와 같으므로

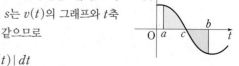

$$s=\int_a^c v(t)\,dt+\int_c^b \{-v(t)\}\,dt=\int_a^b |v(t)|\,dt$$

수직선 위를 움직이는 점의 위치와 움직인 거리 (1)

좌표가 1인 점을 출발하여 수직선 위를 움직이는 점 P의 시각 t에서의 속도가 $v(t)=3t^2-6t$일 때, 다음을 구하시오.

(1) 시각 $t=2$에서의 점 P의 위치

(2) 시각 $t=1$에서 $t=4$까지 점 P의 위치의 변화량

(3) 시각 $t=1$에서 $t=4$까지 점 P가 움직인 거리

공략 Point

수직선 위를 움직이는 점 P
의 시각 t에서의 속도가 $v(t)$
이고 시각 $t=a$에서의 점 P
의 위치가 x_0일 때

(1) 시각 t에서의 점 P의 위치

➡ $x_0+\displaystyle\int_a^t v(t)\,dt$

(2) 시각 $t=a$에서 $t=b$까지
점 P의 위치의 변화량

➡ $\displaystyle\int_a^b v(t)\,dt$

(3) 시각 $t=a$에서 $t=b$까지
점 P가 움직인 거리

➡ $\displaystyle\int_a^b |v(t)|\,dt$

풀이

(1) 시각 $t=2$에서의 점 P의 위치를 x라 하면 좌표가 1인 점을 출발 하였으므로	$x=1+\displaystyle\int_0^2 (3t^2-6t)\,dt$ $=1+\Big[t^3-3t^2\Big]_0^2=-3$
(2) 시각 $t=1$에서 $t=4$까지 점 P의 위치의 변화량은	$\displaystyle\int_1^4 (3t^2-6t)\,dt=\Big[t^3-3t^2\Big]_1^4=18$
(3) 시각 $t=1$에서 $t=4$까지 점 P가 움직인 거리는	$\displaystyle\int_1^4 |3t^2-6t|\,dt=\int_1^2 (-3t^2+6t)\,dt+\int_2^4 (3t^2-6t)\,dt$ $=\Big[-t^3+3t^2\Big]_1^2+\Big[t^3-3t^2\Big]_2^4$ $=22$

정답과 해설 **83**쪽

문제

07-1 좌표가 2인 점을 출발하여 수직선 위를 움직이는 점 P의 시각 t에서의 속도가 $v(t)=t^2-6t+8$
일 때, 다음을 구하시오.

(1) 시각 $t=4$에서의 점 P의 위치

(2) 시각 $t=3$에서 $t=5$까지 점 P의 위치의 변화량

(3) 시각 $t=3$에서 $t=5$까지 점 P가 움직인 거리

07-2 원점을 출발하여 수직선 위를 움직이는 점 P의 시각 t에서의 속도가
$$v(t)=\begin{cases} t^2-t & (0\le t\le 1) \\ -t^2+6t-5 & (t\ge 1) \end{cases}$$
일 때, 시각 $t=3$에서의 점 P의 위치를 구하시오.

수직선 위를 움직이는 점의 위치와 움직인 거리 (2)

필.수.예.제 08

원점을 출발하여 수직선 위를 움직이는 점 P의 시각 t에서의 속도가 $v(t)=t^2-4t+3$일 때, 다음을 구하시오.

(1) 점 P가 출발 후 처음으로 운동 방향을 바꾸는 시각에서의 점 P의 위치
(2) 점 P가 원점으로 다시 돌아올 때까지 움직인 거리

공략 Point

(1) 점 P가 정지하거나 운동 방향을 바꿀 때의 속도는 0이므로
➡ $v(t)=0$

(2) 점 P가 $t=a$일 때 출발한 점으로 다시 돌아온다고 하면 $t=0$에서 $t=a$까지 점 P의 위치의 변화량이 0이므로
➡ $\int_0^a v(t)\,dt=0$

풀이

(1) 점 P가 운동 방향을 바꿀 때의 속도는 0이므로 $v(t)=0$에서	$t^2-4t+3=0$ $(t-1)(t-3)=0$ $\therefore t=1$ 또는 $t=3$
원점을 출발하여 $t=1$일 때 처음으로 운동 방향을 바꾸므로 $t=1$에서의 점 P의 위치는	$0+\int_0^1 (t^2-4t+3)\,dt=\left[\dfrac{1}{3}t^3-2t^2+3t\right]_0^1$ $\qquad\qquad\qquad\qquad =\dfrac{4}{3}$
(2) 점 P가 원점을 출발하여 원점으로 다시 돌아오는 시각을 $t=a$라 하면 $t=0$에서 $t=a$까지 점 P의 위치의 변화량은 0이므로	$\int_0^a (t^2-4t+3)\,dt=0$ $\left[\dfrac{1}{3}t^3-2t^2+3t\right]_0^a=0$ $\dfrac{1}{3}a^3-2a^2+3a=0,\ a(a-3)^2=0$ $\therefore a=3\ (\because a>0)$
따라서 점 P가 원점으로 다시 돌아올 때까지 움직인 거리는	$\int_0^3 \lvert t^2-4t+3\rvert\,dt$ $=\int_0^1 (t^2-4t+3)\,dt+\int_1^3 (-t^2+4t-3)\,dt$ $=\left[\dfrac{1}{3}t^3-2t^2+3t\right]_0^1+\left[-\dfrac{1}{3}t^3+2t^2-3t\right]_1^3$ $=\dfrac{8}{3}$

정답과 해설 83쪽

문제

08-**1** 좌표가 1인 점을 출발하여 수직선 위를 움직이는 점 P의 시각 t에서의 속도가 $v(t)=3t-t^2$일 때, 다음을 구하시오.

(1) 점 P가 출발 후 운동 방향을 바꾸는 시각에서의 점 P의 위치
(2) 점 P가 좌표가 1인 점으로 다시 돌아올 때까지 움직인 거리

위로 던진 물체의 위치와 움직인 거리

유형편 77쪽

필.수.예.제 09

지면으로부터 5 m의 높이에서 50 m/s의 속도로 지면에 수직으로 쏘아 올린 물체의 t초 후의 속도를 $v(t)$ m/s라 하면 $v(t)=50-10t$일 때, 다음을 구하시오.

(1) 물체를 쏘아 올린 후 3초 동안 물체의 위치의 변화량
(2) 물체가 최고 지점에 도달할 때의 지면으로부터의 높이
(3) 물체를 쏘아 올린 후 8초 동안 물체가 움직인 거리

공략 Point

물체가 최고 높이에 도달할 때의 속도는 0이다.

풀이

(1) 물체를 쏘아 올린 후 3초 동안 물체의 위치의 변화량은

$$\int_0^3 (50-10t)\,dt = \left[50t-5t^2\right]_0^3 = \mathbf{105(m)}$$

(2) 물체가 최고 지점에 도달할 때의 속도는 0이므로 $v(t)=0$에서

$$50-10t=0 \qquad \therefore t=5$$

따라서 5 m의 높이에서 출발하여 $t=5$일 때 최고 지점에 도달하므로 $t=5$에서의 물체의 높이는

$$5+\int_0^5 (50-10t)\,dt = 5+\left[50t-5t^2\right]_0^5 = \mathbf{130(m)}$$

(3) 물체를 쏘아 올린 후 8초 동안 물체가 움직인 거리는

$$\int_0^8 |50-10t|\,dt$$
$$=\int_0^5 (50-10t)\,dt + \int_5^8 (-50+10t)\,dt$$
$$=\left[50t-5t^2\right]_0^5 + \left[-50t+5t^2\right]_5^8 = \mathbf{170(m)}$$

정답과 해설 83쪽

문제

09-1 지면에서 30 m/s의 속도로 지면에 수직으로 쏘아 올린 물체의 t초 후의 속도를 $v(t)$ m/s라 하면 $v(t)=30-10t$일 때, 다음을 구하시오.

(1) 물체를 쏘아 올린 후 2초 동안 물체의 위치의 변화량
(2) 물체의 최고 높이
(3) 물체를 쏘아 올린 후 5초 동안 물체가 움직인 거리

09-2 지면으로부터 30 m의 높이에서 20 m/s의 속도로 지면에 수직으로 쏘아 올린 물체의 t초 후의 속도를 $v(t)$ m/s라 하면 $v(t)=20-10t$일 때, 이 물체가 두 번째로 지면으로부터 45 m의 높이에 도달할 때까지 움직인 거리를 구하시오.

그래프에서의 위치와 움직인 거리

✎ 유형편 78쪽

필.수.예.제
10

원점을 출발하여 수직선 위를 움직이는 점 P의 시각 t에서의 속도 $v(t)$의 그래프가 오른쪽 그림과 같을 때, 다음을 구하시오.

(1) 시각 $t=5$에서의 점 P의 위치

(2) 점 P가 출발 후 처음으로 운동 방향을 바꿀 때부터 두 번째로 운동 방향을 바꿀 때까지 움직인 거리

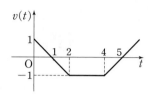

공략 Point

속도 $v(t)$의 그래프가 주어질 때

· 위치는 정적분의 값이므로 속도가 양수인 부분과 음수인 부분으로 나누어 구한다.

· 움직인 거리는 $v(t)$의 그래프와 t축으로 둘러싸인 도형의 넓이이다.

풀이

(1) 시각 $t=5$에서의 점 P의 위치는

$$0+\int_0^5 v(t)\,dt$$
$$=\int_0^1 v(t)\,dt+\int_1^5 v(t)\,dt$$
$$=\triangle\text{AOB}-\square\text{BCDE}$$
$$=\frac{1}{2}\times 1\times 1-\frac{1}{2}\times(2+4)\times 1$$
$$=-\frac{5}{2}$$

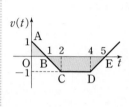

(2) $v(t)=0$인 t의 값은 $t=1$ 또는 $t=5$

점 P가 출발 후 $t=1$에서 처음으로 운동 방향을 바꾸고 $t=5$에서 두 번째로 운동 방향을 바꾸므로 구하는 거리는

$$\int_1^5 |v(t)|\,dt$$
$$=\square\text{BCDE}$$
$$=\frac{1}{2}\times(2+4)\times 1=3$$

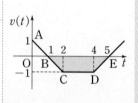

정답과 해설 84쪽

문제

10-1

원점을 출발하여 수직선 위를 움직이는 점 P의 시각 t에서의 속도 $v(t)$의 그래프가 오른쪽 그림과 같을 때, 다음을 구하시오.

(1) 시각 $t=5$에서의 점 P의 위치

(2) 점 P가 출발 후 처음으로 운동 방향을 바꿀 때까지 움직인 거리

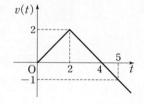

10-2

원점을 출발하여 수직선 위를 움직이는 물체의 시각 t에서의 속도 $v(t)$의 그래프가 오른쪽 그림과 같을 때, 이 물체가 원점으로 다시 돌아오는 시각을 구하시오.

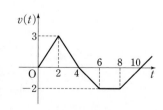

연습문제

01 정적분의 활용

1 다항함수 $f(x)$가
$$xf(x)=\int_0^x tf'(t)\,dt+\frac{1}{3}x^3-x^2-3x$$
를 만족시킬 때, 곡선 $y=f(x)$와 x축으로 둘러싸인 도형의 넓이는?

① $\dfrac{17}{4}$ ② $\dfrac{25}{3}$ ③ $\dfrac{32}{3}$

④ $\dfrac{35}{2}$ ⑤ $\dfrac{62}{3}$

2 곡선 $y=2x^3$과 x축 및 두 직선 $x=-1$, $x=a$로 둘러싸인 도형의 넓이가 41일 때, 양수 a의 값은?

① 1   ② 2   ③ 3

④ 4   ⑤ 5

3 곡선 $y=-x^2+kx$와 x축으로 둘러싸인 도형의 넓이가 36이 되도록 하는 모든 상수 k의 값의 합을 구하시오. (단, $k\neq0$)

4 오른쪽 그림과 같이 곡선 $y=-x^2+3x$와 x축으로 둘러싸인 도형이 직선 $y=x$에 의하여 나누어진 두 도형의 넓이를 각각 S_1, S_2라 할 때, $\dfrac{S_1}{S_2}$의 값을 구하시오.

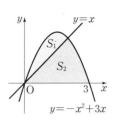

수능

5 두 함수
$$f(x)=\frac{1}{3}x(4-x),\ g(x)=|x-1|-1$$
의 그래프로 둘러싸인 부분의 넓이를 S라 할 때, $4S$의 값을 구하시오.

6 두 곡선 $y=x^3-2x$, $y=x^2$으로 둘러싸인 도형의 넓이를 구하시오.

평가원

7 함수 $f(x)=x^2-2x$에 대하여 두 곡선 $y=f(x)$, $y=-f(x-1)-1$로 둘러싸인 부분의 넓이는?

① $\dfrac{1}{6}$ ② $\dfrac{1}{4}$ ③ $\dfrac{1}{3}$

④ $\dfrac{5}{12}$ ⑤ $\dfrac{1}{2}$

8 곡선 $y=-x^2+5x-4$와 이 곡선 위의 점 $(2, 2)$에서의 접선 및 x축으로 둘러싸인 도형의 넓이를 구하시오.

9 점 $(0, -1)$에서 곡선 $y=x^2$에 그은 두 접선과 이 곡선으로 둘러싸인 도형의 넓이는?

① $\dfrac{2}{3}$ ② 1 ③ $\dfrac{4}{3}$

④ $\dfrac{5}{3}$ ⑤ 2

10 오른쪽 그림과 같이 곡선 $y=x(x+1)$과 x축 및 직선 $x=k$로 둘러싸인 두 도형의 넓이가 서로 같을 때, 양수 k의 값은?

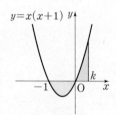

① $\dfrac{1}{5}$ ② $\dfrac{1}{4}$ ③ $\dfrac{1}{3}$

④ $\dfrac{1}{2}$ ⑤ 1

11 오른쪽 그림과 같이 두 곡선 $y=a(x-2)^2$ $(a>0)$, $y=-x^2+2x$는 x좌표가 k $(0<k<2)$, 2인 점에서 만난다. 두 곡선과 y축으로 둘러싸인 두 도형의 넓이가 서로 같을 때, $a+k$의 값을 구하시오.

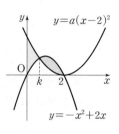

12 두 곡선 $y=x^4-x^3$, $y=-x^4+x$로 둘러싸인 도형의 넓이가 곡선 $y=ax(1-x)$에 의하여 이등분될 때, 상수 a의 값은? (단, $0<a<1$)

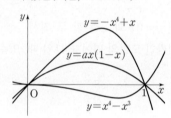

① $\dfrac{1}{4}$ ② $\dfrac{3}{8}$ ③ $\dfrac{5}{8}$

④ $\dfrac{3}{4}$ ⑤ $\dfrac{7}{8}$

13 함수 $f(x)=x^3+x^2+x$의 역함수를 $g(x)$라 할 때, 두 곡선 $y=f(x)$, $y=g(x)$로 둘러싸인 도형의 넓이를 구하시오.

14 함수 $f(x)=\sqrt{x-1}$의 역함수를 $g(x)$라 할 때,
$\displaystyle\int_1^{10} f(x)\,dx + \int_0^3 g(x)\,dx$의 값은?

① 10   ② 20   ③ 30
④ 40   ⑤ 50

15 원점을 출발하여 수직선 위를 움직이는 점 P의 시각 t에서의 속도가 $v(t)=-3t^2+4t+15$일 때, 점 P가 원점으로 다시 돌아오는 시각은?

① 3   ② 4   ③ 5
④ 6   ⑤ 7

16 원점을 동시에 출발하여 수직선 위를 움직이는 두 점 P, Q의 시각 t에서의 속도가 각각
$v_P(t)=6t^2-6t+4$, $v_Q(t)=3t^2+2t+1$일 때, 출발 후 두 점 P, Q가 만나는 횟수를 구하시오.

17 시각 $t=0$일 때 동시에 원점을 출발하여 수직선 위를 움직이는 두 점 P, Q의 시각 t $(t\geq0)$에서의 속도가 각각
$$v_1(t)=3t^2+t,\ v_2(t)=2t^2+3t$$
이다. 출발한 후 두 점 P, Q의 속도가 같아지는 순간 두 점 P, Q 사이의 거리를 a라 할 때, $9a$의 값을 구하시오.

18 지면에서 40 m/s의 속도로 지면에 수직으로 쏘아 올린 물체의 t초 후의 속도를 $v(t)$ m/s라 하면 $v(t)=40-10t$이다. 물체를 쏘아 올린 후 5초 동안 물체의 위치의 변화량을 a m, 움직인 거리를 b m라 할 때, $a+b$의 값을 구하시오.

19 원점을 출발하여 수직선 위를 움직이는 점 P의 시각 t에서의 속도 $v(t)$의 그래프가 오른쪽 그림과 같을 때, 다음 보기 중 옳은 것만을 있는 대로 고르시오.

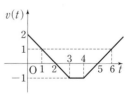

┌**보기**┐
ㄱ. $0<t<6$에서 운동 방향을 두 번 바꾼다.
ㄴ. 출발 후 $t=3$까지 움직인 거리는 1이다.
ㄷ. $t=5$일 때 원점에서 가장 멀리 떨어져 있다.

연습문제

실력

20 함수 $f(x)=(x^2-4)(x^2-k)$에 대하여 다음 그림과 같이 곡선 $y=f(x)$와 x축으로 둘러싸인 세 도형의 넓이를 각각 A, B, C라 하자. $A+C=B$일 때, 상수 k의 값을 구하시오. (단, $0<k<4$)

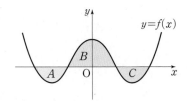

21 두 곡선 $y=a^2x^2$, $y=-x^2$과 직선 $x=-2$로 둘러싸인 도형의 넓이를 $S(a)$라 할 때, $\dfrac{S(a)}{a}$의 최솟값을 구하시오. (단, $a>0$)

22 함수 $f(x)=x^3+x+1$의 역함수를 $g(x)$라 할 때, 두 곡선 $y=f(x)$, $y=g(x)$와 두 직선 $x=3$, $y=3$으로 둘러싸인 도형의 넓이를 구하시오.

23 어떤 건물의 엘리베이터는 1층에서 출발하여 옥상까지 올라가는 동안 출발 후 2초까지는 $2\,\text{m/s}^2$의 가속도로 올라가고, 2초 후부터 7초까지는 등속도로 올라가며, 7초 후부터는 $-2\,\text{m/s}^2$의 가속도로 올라가서 멈춘다. 이 건물의 1층부터 옥상까지의 높이는? (단, 엘리베이터의 높이는 무시한다.)

① 26 m   ② 27 m   ③ 28 m
④ 29 m   ⑤ 30 m

24 지면으로부터 같은 높이에서 동시에 지면에 수직으로 올라가는 두 물체 A, B의 시각 t $(0\le t\le c)$에서의 속도 $f(t)$, $g(t)$의 그래프가 오른쪽 그림과 같다. $\displaystyle\int_0^c f(t)\,dt=\int_0^c g(t)\,dt$일 때, 다음 보기 중 옳은 것만을 있는 대로 고른 것은?

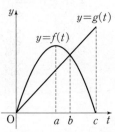

⊸ 보기 ⊷
ㄱ. $t=a$일 때 A의 위치가 B의 위치보다 높다.
ㄴ. $t=b$일 때 A와 B의 높이의 차가 최대이다.
ㄷ. $t=c$일 때 A와 B의 높이가 같다.

① ㄴ   ② ㄷ   ③ ㄱ, ㄴ
④ ㄱ, ㄷ   ⑤ ㄱ, ㄴ, ㄷ

완자로 올랐다

내신의 왕좌

완벽한 자율학습서

완자

완벽한 **자**율학습을 위한 내신 필수 기본서

3,100만 권 돌파

• 풍부하고 자세한 설명, 핵심이 한눈에 쏙!
• 시험에 꼭 나오는 문제들로 실전 문제를 구성해 내신 완벽 대비!
• 정확한 답과 친절한 해설을 통해 틀렸던 문제도 확실하게!

통합사회 / 한국사 / 경제 / 사회·문화 / 정치와 법 / 한국지리 / 세계지리 / 동아시아사 / 세계사 / 생활과 윤리 / 윤리와 사상 / 통합과학 / 물리학 I · II / 화학 I · II / 생명과학 I · II / 지구과학 I · II

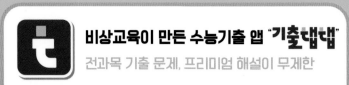

⁺ 개념·플러스·유형·시리즈 개념과 유형이 하나로! 가장 효과적인 수학 공부 방법을 제시합니다.

visang

비상교재
누리집에
방문해보세요

http://book.visang.com/

발간 이후에 발견되는 오류 비상교재 누리집 〉 학습자료실 〉 고등교재 〉 정오표
본 교재의 정답 비상교재 누리집 〉 학습자료실 〉 고등교재 〉 정답·해설

교재 설문에
참여해보세요

 QR 코드
스캔하기   의견 남기기   선물 받기!

품질혁신코드 VS01QI21_5